高等院校产品设计专业系列教材

产品设计程序与方法

黄悦欣 陈香 杨旸 编著

Design

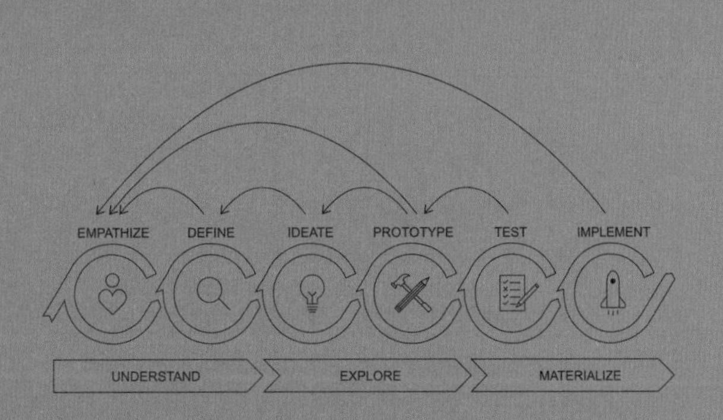

清華大學出版社
北京

内容简介

本书主要讲解产品设计的程序与方法，帮助读者树立正确的设计思想，构建产品设计的系统观念，能够运用科学的思维方式，掌握原创性产品设计的程序和方法。

本书共分为6章，包括认识设计与产品设计、设计程序与方法的模式、创意性设计方法、设计程序与用户的关系、产品设计程序和案例分析，完整、系统地介绍了产品设计的全过程，深入浅出地阐述了产品设计过程中的关键问题和知识点，同时结合典型的设计案例、设计流程图及学生作品进行详细讲解，引导读者逐步掌握产品设计程序与方法的核心内容，激发读者充分发挥自己的智慧和创造力，应用感性与理性思维交替发展的模式，系统地进行设计调研与分析，最终完成产品的设计开发。

本书可作为高等院校产品设计、工业设计等专业的教材，也可作为产品设计师、工业设计师及设计爱好者的参考书。

图书在版编目（CIP）数据

产品设计程序与方法 / 黄悦欣，陈香，杨旸编著 .
北京 : 清华大学出版社，2024. 8. -- (高等院校产品设计专业系列教材). -- ISBN 978-7-302-66956-2

Ⅰ . TB472

中国国家版本馆 CIP 数据核字第 2024GD5719 号

责任编辑：李　磊
封面设计：陈　侃
版式设计：芃博文化
责任校对：马遥遥
责任印制：杨　艳

出版发行：清华大学出版社
网　　址：https://www.tup.com.cn，https://www.wqxuetang.com
地　　址：北京清华大学学研大厦A座　　邮　　编：100084
社 总 机：010-83470000　　邮　　购：010-62786544
投稿与读者服务：010-62776969，c-service@tup.tsinghua.edu.cn
质 量 反 馈：010-62772015，zhiliang@tup.tsinghua.edu.cn
印 装 者：涿州汇美亿浓印刷有限公司
经　　销：全国新华书店
开　　本：185mm×260mm　　印　　张：10　　字　　数：243千字
版　　次：2024年9月第1版　　印　　次：2024年9月第1次印刷
定　　价：59.80元

产品编号：099131-01

编委会

序

设计，时时事事处处都伴随着我们。我们身边的每一件物品都被有意或无意地设计过或设计着，离开设计的生活是不可想象的。

2012年，中华人民共和国教育部修订的本科教学目录中新增了“艺术学—设计学类—产品设计”专业。该专业虽然设立时间较晚，但发展非常迅猛。

从2012年的“普通高等学校本科专业目录新旧专业对照表”中，我们不难发现产品设计专业与传统的工业设计专业有着非常密切的关系，例如新目录中的“产品设计”对应旧目录中的“艺术设计(部分)”“工业设计(部分)”，从中也可以看出艺术学下开设的产品设计专业与工学下开设的工业设计专业之间的渊源。

因此，我们在学习产品设计前就不得不重点回溯工业设计。工业设计起源于欧洲，有超过百年的发展历史，随着人类社会的不断发展，工业设计也发生了翻天覆地的变化：设计对象从实体的物慢慢过渡到虚拟的物和事，设计方法越来越丰富，设计的边界越来越模糊和虚化。可见，从语源学的视角且在不同的语境下厘清设计、工业设计、产品设计等相关概念，并结合对围绕着我们的“被设计”的事、物和现象的观察，无疑可以帮助我们更深刻地理解工业设计的内涵。工业设计的综合性、交叉性和边缘性决定了其外延是广泛的，从艺术、文化、经济和技术等不同的视角对工业设计进行解读或许可以更全面地还原工业设计的本质，有利于人们进一步理解它。从时代性和地域性的视角对工业设计的历史进行解读并不仅仅是为了再现其发展的历程，更是为了探索工业设计发展的动力，并以此推动工业设计的发展。人类基于经济、文化、技术、社会等宏观环境的创新，对产品的物理环境与空间环境的探索，对功能、结构、材料、形态、色彩、材质等产品固有属性及产品物质属性的思考，以及对人类自身的关注，都是工业设计不断发展的重要基础与动力。

工业设计百年的发展历程为人类社会的进步做出了哪些贡献？工业发达国家的发展历程表明，工业设计带来的创新，不但为社会积累了极大的财富，也为人类创造了更加美好的生活，更为经济的可持续发展提供了源源不断的动力。在这一发展进程中，工业设计教育也发挥着至关重要的作用。

随着我国经济结构的调整与转型，从“中国制造”走向“中国智造”已是大势所趋，这种巨变将需要大量具有创新和实践应用能力的工业设计人才。党的二十大报告为我国坚定推进教育高质量发展指出了明确的方向。艺术设计专业的教育工作应该深入贯彻落实党的二十大精神，不断创新、开拓进取，积极探索新时代基于数字化环境的教学和实践模式，实现艺术设计的可持续发展，培养具备全球视野、能够独立思考和具有实践探索能力的高素质人才。

未来，工业设计及教育，以及产品设计及教育在我国的经济、文化建设中将发挥越来越重要的作用。因此，如何构建具有创新驱动能力的产品设计人才培养体系，成为我国高校产品设计教育相关专业面临的重大挑战。党的二十大精神及相关要求，对于本系列教材的编写工作有着重要的指导意义，也进一步激励我们为促进世界文化多样性的发展做出积极的贡献。

由于产品设计与工业设计之间存在渊源，且产品设计专业开设的时间相对较晚，因此针对产品设计专业编写的系列教材，在工业设计与艺术设计专业知识体系的基础上，应当展现产品设计的新理念、新潮流、新趋势。

我们从全新的视角诠释产品设计的本质与内涵，同时结合院校自身的资源优势，充分发挥院校专业人才培养的特色，并在此基础上建立符合时代发展要求的人才培养体系。我们也充分认识到，随着我国经济的转型及文化的发展，对产品设计人才的需求将不断增加，而产品设计人才的培养在服务国家经济、文化建设方面必将起到非常重要的作用。

本系列教材的出版适逢我院产品设计专业荣获“国家级一流专业建设单位”称号。结合国家级一流专业建设目标，通过教材建设促进学科、专业体系健全发展，是高等院校专业建设的重点工作内容之一，本系列教材的出版目的也在于此。本系列教材有两大特色：第一，强化人文、科学素养，注重中国传统文化的传承，吸收世界多元文化，注重启发学生的创意思维能力，以培养具有国际化视野的创新与应用型设计人才为目标；第二，坚持“科学与艺术相融合、创新与应用相结合”，以学、研、产、用一体化的教学改革为依托，积极探索国家级一流专业的教学体系、教学模式与教学方法。教材中的内容强调产品设计的创新性与应用性，增强学生的创新实践能力与服务社会能力，进一步凸显了艺术院校背景下的专业办学特色。

相信此系列教材对产品设计专业的在校学生、教师，以及产品设计工作者等均有学习与借鉴作用。

天津美术学院国家级一流专业(产品设计)建设单位负责人、教授

前言

设计是人类改变原有事物，使其变化、增益、更新、发展的创造性活动。作为一种社会文化活动，一方面，它是创造性的，类似于艺术的活动；另一方面，它是理性的，类似于条理性的科学活动。因此，设计是科学与艺术的统一。我国的艺术设计教育起步于20世纪50年代，到90年代进入一个高速发展的阶段。随着经济和文化的进步，社会上对于艺术设计专业人才的需求量越来越大，市场对艺术设计人才教育质量的要求也越来越高。为了应对这种变化，教育部将“艺术设计”由原来的二级学科调整为“设计学”一级学科，既体现了对设计教育的重视，也是进一步促进设计教育紧密服务于国民经济发展的必要举措。

党的二十大报告为我国坚定推进教育高质量发展指出了明确的方向。在此背景下，本书的编写以“加快推进教育现代化，建设教育强国，办好人民满意的教育”为目标，以“强化现代化建设人才支撑”为动力，以“为实现中华民族伟大复兴贡献教育力量”为指引，进行了满足新时代新需求创新性教材的编写尝试。

本书主要讲解产品设计程序与方法，通过教学使学生树立正确的设计思想，建立产品设计的系统观念，能够运用较为科学的思维方式，掌握原创型产品设计开发的程序和方法。在相关案例的选择上，充分体现中华传统造物体系，让学生在其中感知中华造物传统与生活方式，汲取传统造物的智慧，启发创新思维，提升专业实践能力，展示民族发展，提升文化自信。产品设计程序与方法是为构建有意义的秩序而付出的有意识的努力，首先要理解用户的期望、需求、动机，并理解业务、技术和行业的需求和限制，其次将这些已知的东西转化为产品的本身，使产品的形式、内容和功能变得有用、能用，令人向往，并且在经济和技术上可行。

书中完整、系统地介绍产品设计的全过程，深入浅出地阐述产品设计过程中的关键问题和各个知识点。同时，结合典型的设计案例、设计流程图及学生作品进行详细讲解，引导读者逐步掌握产品设计程序与方法的核心内容，并激发读者充分发挥个人的智慧和创造力，应用感性思维与理性思维交替发展的思维模式系统地进行设计调研与分析，并最终完成产品的开发设计。

信息时代的来临，使设计的对象正在发生变化。现代设计所面临的任务与挑战中，有些是传统设计教育没有或较少提及的，但随着技术的不断变革，设计实践和设计教育需要不断改进方法，以满足人们对设计的全新要求。本书采用理论阐述与实际案例相结合的论述方式，为高等院校设计专业的学生提供一个系统、直观、贴合实际的学习概念。本书的特点是：全面阐述设计环节，展现高等院校毕业设计优秀案例的真实过程。由于设计过程的复杂性和多变性，实际操作过程中会有差异，因此编者经过大量的考察和总结，分别对休闲用品、交通产品、床具产品、交互产品、电子产品设计进行举例说明，力求全面地讲解当前高等院校设计案例所涉及内容的程序、方法和技术。

为便于学生学习和教师开展教学工作，本书提供立体化教学资源，包括PPT课件、教学大纲、教案等。读者可扫描右侧的二维码，将文件推送到自己的邮箱后下载获取。

教学资源

本书由天津美术学院产品设计系副教授黄悦欣、讲师杨旸和江南大学产品设计系副教授陈香共同编著，在编写过程中查阅了大量设计相关的资料与论著，吸收了许多专家学者的观点，特向在本书中引用和参考的已注明和未注明的教材、专著、报刊、文章的编写者和作者表示诚挚的谢意。同时，也对武嘉鑫、付婉、金明、赵扬、郑沐洲、石岨、李珂蕤、贺怡欣等在教材编写过程中辛苦的付出一并表示感谢。

由于编者水平所限，书中难免有疏漏和不足之处，恳请广大读者批评指正，提出宝贵的意见和建议。

编　者

目录

第1章

认识设计与产品设计

主要内容：概述设计广义和狭义的概念、设计研究的领域，产品设计的概念、历史起源、属性、发展领域和分类等。

教学目标：让读者由浅入深地了解产品设计的知识，引导读者对产品设计产生兴趣，从而对如何进行产品设计，也就是对产品设计的程序与方法感兴趣。

学习要点：了解什么是设计，什么是产品设计，产品设计的概念、历史起源、属性、发展领域及分类等。

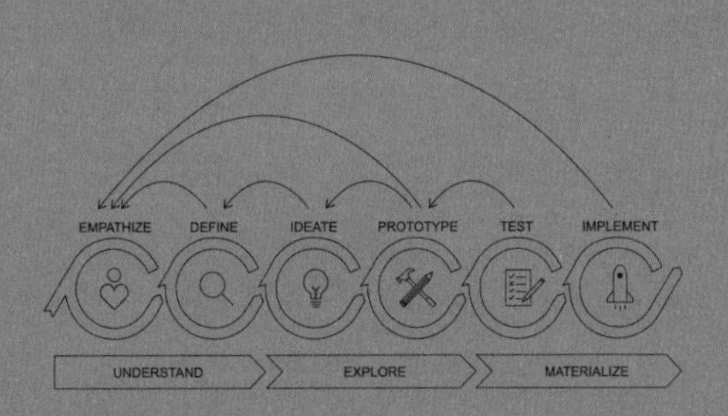

Product Design

1.1　设计概述

关于论述人类设计起源的书籍有很多，观点也各式各样。香港理工大学的约翰•赫斯克特教授曾定义说“设计是为了做出最终结果计划并实行的行为或程序。”我们从中不难看出，“设计”一词有两种词性：一是动词，指人类的一种活动；二是名词，指这种活动的结果物。

1.1.1　广义的设计

广义的设计普遍存在于自然科学与社会科学的各个领域，一方面是指一般工程技术与产品开发的设计，可以理解为人类自觉把握、遵循客观规律，并根据人类社会的需要，以及社会结构、机制和发展趋势，依照一定的预想目标，做出有益于人类生产与生活的设想和规划，并付诸实施的创造性、综合性的实践活动；另一方面，广义的设计也指任何社会硬件与软件的设计。例如，设计一个城市的交通规划、一种社会教育体制或是一种生态平衡模式等，涉及自然科学和社会科学等广泛的领域。因此，广义的设计包含人类所有生物性和社会性的原创活动。

在这样的定义下，我们每个人都可以是设计师，每天大部分的时间所做的事情都可以称为设计。例如，全家人周末出游，制订一条旅行路线；学生开学后合理计划每个月的生活费；我们有自己的房子，想象室内空间的装修效果……设计是随时随地都在发生的，这就是广义设计的核心理念。广义设计的范围广泛，其概念也呈现出多样化的特点，如：

(1) 设计是“面临不确定性情形，其失误代价极高的决策”。(阿西莫夫，1962年)

(2) 设计是“在我们对最终结果感到自信之前，对我们要做的东西所进行的模拟”。(鲍克，1964年)

(3) 设计是“一种创造性活动——创造前所未有的、新颖的东西”。(李斯维克，1965年)

(4) 设计是“一种针对目标的问题求解活动”。(阿切尔，1965年)

(5) 设计是“从现存事实转向未来可能的一种想象跃迁”。(佩奇，1966年)

(6) 设计是“在特定情形下，向真正的总体需要提供的最佳解答”。(玛切特，1968年)

(7) 设计是“使人造物产生变化的活动”。(琼斯，1970年)

(8) 设计是“旨在改进现实的一种活动。设计过程的产物，被用作进行这种改进的模型”。(盖茨帕斯基，1980年)

(9) 设计“作为一种专业活动，反映了委托人和用户所期望的东西。它是这样一个过程，通过它便决定了某种有限而称心的状态变化，以及把这些变化置于控制之中的手段”。(雅格斯，1981年)

(10) 设计是“一种社会文化活动，一方面设计是创造性的、类似于艺术的活动，另一方面设计是理性的、类似于逻辑性科学的活动”。(迪尔诺特，1981年)

(11) 设计是“解决如何将人们的某种需求、愿望、理想，通过创造某一物质而加以具体的实现”。(荣久庵宪司，1991年)

1.1.2　狭义的设计

狭义的设计指职业化的设计人员所从事的创造性活动。这一概念在工业革命之后逐渐形成，随着社会分工的细化，职业的设计师开始出现。工业革命使人类的生产组织方式发生了深刻的变化，并因此出现了一批新兴学科与职业。设计逐渐从传统的手工艺、艺术中分离出来。人类开始职业化、系统化、理论化地进行创造性活动，出现了工程师、建筑师、规划师、产品设计师、服装设计师和平面设计师等。

简单来说，设计行为是根据人们生活的需求，设计出实用、美观的物件的过程。设计是一种专业性的活动，设计的结果都有可见的物质性产物，即形象的实体化。设计与艺术不同，艺术唯有追求“美”，用艺术品表达艺术家的思想。而设计首先考虑的是功能，同时要追求审美性、实用性，是为使用者服务的。设计的形态以艺术为基础，功能以科学为基础，所以设计是一种综合性的工作。科学是去发现、解释关于自然、社会的知识，而设计是利用这些知识去创造未来。所以，设计应具备如下属性。

(1) 设计是有目的性的、有计划的活动。任何设计产物都是为了满足人类的特定需求和目的而创造的。例如，交通工具飞机、火车、汽车可以快速移动、缩短距离；通信工具手机、电脑可以随时通话和沟通，传送信息；家用电器电冰箱可以长时间保存食物等。

(2) 设计具有创造性、创新性。设计是从无到有的过程，对社会的发展具有价值和利益。设计的创新具有不同的层次：第一层次是表达式的创造，如绘画创作；第二层次是生产创造，随着各种技术的发展达到工艺上的创新；第三层次是发明创造，解决社会中的各种问题；第四层次是创新式的创造，结合全新的技术、精准的加工工艺、独特的表现方式展现出对社会有价值的成果。

(3) 设计是人的精神性的活动。无论作为动词指代一种行为，还是作为名词指代一种产物，设计都是可见的，而真正的设计则是一种精神性的活动，是一种思维活动，是不可见的。在设计过程中，如市场调研、绘制草图、制作模型等活动都是在设计师的思维指导下进行的。无论是通过直觉或者在人生中获得的设计经验所产生的洞察力，还是潜意识、无意识的感觉下的设计活动，都是精神性的。

(4) 设计引领未来。设计是对未来可能性的一种探索。许多我们不敢想象或是尚未实现的事情，设计会努力地去探索和实现。例如，当人们还在使用搓衣板洗衣服的时候，谁能想到后来有人设计出了洗衣机；当人们还只是在神话中想象月亮上的嫦娥和玉兔的时候，谁能想到人类会发明火箭，成功载人登月；当人们还在努力学习驾驶技术的时候，谁能想到无人驾驶汽车已经诞生。所以，设计不仅是在寻找当前的缺陷，更是在探索着未来的可能。

(5) 设计是一种适应性的选择。设计会随着时代、科技、地域文化、环境变化等外部条件而变化。设计师在面对不同的环境和需求时，会采取有限、合理的适应性选择，如南方的春秋椅、北方的火炕，因为南北环境的不同，同样的家具，如座椅或床榻，设计却完全不同。

1.1.3　设计研究的领域

设计科学旨在综合研究现代设计的规律、任务、结构、方法、程序、历史等多个方面，涵盖了设计哲学、设计科学方法论等领域，是一种跨学科的综合性研究。设计科学体现了思维与方法、技术与哲学、自然与社会、个体与群体等角度的融合与交叉。从现存领域和未开发的学科领域来看，设计科学的研究范围大致划分为以下三类学科。

1) 设计现象学

设计现象学研究设计科学的历史，包括主要事件、组织和人物；设计与科技、社会发展之间的联系；设计领域的现象分类、设计系统、设计技术等。

2) 设计行为学

设计行为学研究设计师的思维和问题解决技能；设计活动的组织、设计过程、设计建模及设计任务的度量、评价等。

3) 设计哲学

设计哲学研究设计的定义、系统论、方法论、认知论；设计的新概念、新思想；设计领域中技术、经济、社会、美学等价值及其相互关系；设计教育的原则、结构、实践等。

以上三类学科之间互相关联，形成多学科的融合性和交叉性。设计科学研究的领域及相互关系，如图1-1所示。

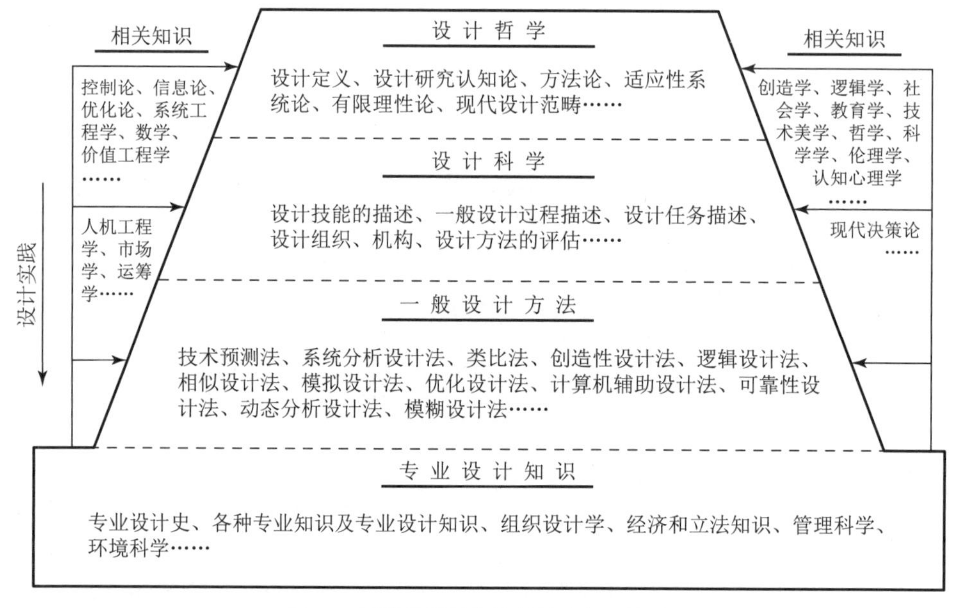

图1-1　设计科学研究的领域及相互关系

1.2　产品设计概述

我们已经了解了设计的基本概念，再来了解什么是产品设计。产品设计的概念，早在1919年就由美国设计师约瑟夫•西纳尔率先提出。到了20世纪30年代，这个词被人们广泛认可。随着科学技术的不断发展和人们对社会和自然认知的不断更新，产品设计的定义、内涵和外延也随之不断变化。产品设计的定义在不同的历史时期和不同国家都不尽相同，没有一个准确、统一的表述。简单地说，产品设计包括人类的一切造物活动，现代意义的产品设计是指对产品的造型、结构和功能等进行综合设计，以便制造出符合人类需求的实用、经济、美观的产品。

1.2.1　产品设计的概念

人类是宇宙的一部分，也是自然世界中的生物之一，因此人的生存问题受到自然规律和自然现象的支配。仔细观察人类的天生条件，我们会发现人类在某些方面是很脆弱的：没有猛兽的利齿、利爪，没有草食动物跑得快，也没有抵御冬天寒冷的毛皮。

因此，为了在大自然中生存，人类需要有适应自然的手段。聪明的人类使用头脑与双手，创造了各种工具和物品来弥补生理上的不足：如打造刀剑来代替猛兽的利齿及利爪，建造居所，制造各种武器，制作能抵御寒冷的衣服等。人类通过这些活动保护自己，调整、适应生存环境。如今，我们已经能够创造适合生存的人工环境，创造在地球上不同纬度都能适应的居住条件。

人类的祖先最初居住在树上，后来随着人口数量的增加，陆续转移到地面上居住。为了应对外来威胁，他们形成一种本能的行为，就是双腿直立瞭望远处。从直立行走开始，人类的双手得到了解放，通过两只手制造工具和使用工具，以便更好地生存。通过回顾人类进化的历程，我们可以非常容易地联想到双足步行的过程与工具制造的产生。自由的双手就是最初的工具，人类的双手逐渐进化到大拇指可以灵活地与其他手指分别活动，能完成抓取、握持、穿线等很复杂、精细的工作。现代科学研究已经证实手与头脑发达的相互关系：手部活动越发达，相关的神经器官越强化，大脑越发达，这种相互促进的关系推动手部的高度进化。通过这样的进化，人类具备了预测及应对未来新变化的能力。

由此可见，产品设计的发展历史如下。

(1) 最初阶段：制造保护身体的衣服、武器及生活用品。

(2) 熟练阶段：技巧熟练，能使用多样的材料。

(3) 机械时代：工业革命之后的机械发达与大量生产。

(4) 科学时代：生产技术、加工技术的科学化及自动化。

根据以上内容，我们可知产品设计的定义是“人根据目的与意志在自然界中为了生活而创造的所有实体”。但是一些人工创造的巨型物体，从某种意义上说不算产品设计，而一般归属于环境设计领域，如堤坝、大型建筑、城市等。美国著名的工业设计师阿瑟•普洛斯曾说：“工业设计的核心产品，而产品以人、技术、美学作为支撑框架。如果这三项因素不同时存在，这个产品便不会存在。产品就是这么复杂而相互依赖的结构，具有一种内在的凝聚力和组合性。”1964年，国际工业设计协会在比利时布鲁塞尔的年会上指出：“作为一种创造性行为，产品设计的目的在于决定产品的形式品质。所谓产品设计，除外形及表面特征，更重要的是确定产品的结构与功能的关系，以获得一种使生产者与消费者都感到满意的整体。”

按照2006年国际工业设计协会在其官方网站上公布的产品设计定义，可以将产品设计的概念分为目的和任务两部分。

1) 目的

产品设计是一种创造性的活动，其目的是为产品、服务及它们在整个生命周期中构成的系统建立起多方面的品质。因此，设计既是创新技术人性化的重要因素，也是经济文化交流的关键因素。

2) 任务

产品设计致力于探索和评估产品在多个层面的关系，包括结构、组织、功能、表现和经济等方面。这些关系旨在增强全球可持续发展和环境保护，为社会、个人和集体带来利益和自由；产品设计考虑最终用户、制造者和市场经营者的职业规范，支持全球化背景下的文化多样性，赋予产品、服务和系统以表现性的形式，并确保这些形式与其内涵相协调；产品设计从社会经济发展的需求出发，基于人们对社会的认知和心理诉求，采用系统思维方法，运用社会学、心理学、美学、形态学、符号学、工程学、人机工程学、色彩学、创造学、经济学、市场学等学科认识，综合分析、研究和探讨“人—产品—环境”之间的和谐关系，在不断提升人们的生活品位的过程中，设计、制作出令生产者和使用者满意的产品。

1.2.2 产品设计的属性

在“人—产品—环境”系统中，产品是工业设计的主要对象。一方面，产品作为“人”这一要素的对象物，扮演着不同的角色，如制造者的制品、购买者的商品、使用者的用品等；另一方面，产品也是系统中“环境”部分的构成因素，影响着经济、文化、技术和社会发展。产品的宏观环境主要包括经济、文化、技术和社会等要素，而产品的微观环境是由与产品相关的人和物所构成的。显然，这两种环境因素的构成都离不开“物”的要素，即产品要素。真正的产品设计究竟是什么呢？产品设计又该怎么做呢？那就从产品设计的属性中寻找答案吧。

1. 产品设计是为了实用价值而造型

产品设计是工业化背景下创造一切工业产品文化价值的过程，它所创造的就是一种文化价值。所谓文化价值，首先是产品中的实用价值，这种实用价值不仅指产品作为物体本身的可用性，还应使这种可用性与使用者最佳匹配，让人们使用产品时更加得心应手。实用价值又是由产品的形式来保证的，在形式上保证最佳实用价值的同时，也产生了人们对产品的主观价值，即象征价值。因此，在产品设计中，不论是哪一种价值创造都与形式的塑造是分不开的，而形式是通过造型手段来实现的。所以产品设计要做什么？从表面上看它也需要造型设计，但是它完全不同于自由艺术的造型：①产品设计不是为了单纯的造型而造型，而是为了实现其特定功利目的的主要手段；②产品设计不是为了彰显技艺，而是采用最大生产效率的工艺手段，以分工协作的方式由操作工人来实现，在真正满足广大用户的实用性的同时，也提供象征价值的满足。

2. 产品设计是“工业产品的建筑学”

以上已指出产品设计造型与自由艺术造型的不同，然而需要造型的并不只有产品设计与造型艺术，其实工程设计(特别是机械设计)与工艺美术同样需要进行造型设计。工艺美术在工业化时代因已丧失了部分实用价值，使自身进一步地倾向于自由艺术。产品设计与自由艺术的不同，一定程度上也体现在产品设计与工艺美术的不同上。那么，它与同样有实用价值且要进行造型设计的机械设计又有什么不同呢？

其实它们通过造型要实现的目的并不完全相同。产品设计与机械设计的关系如图1-2所示。

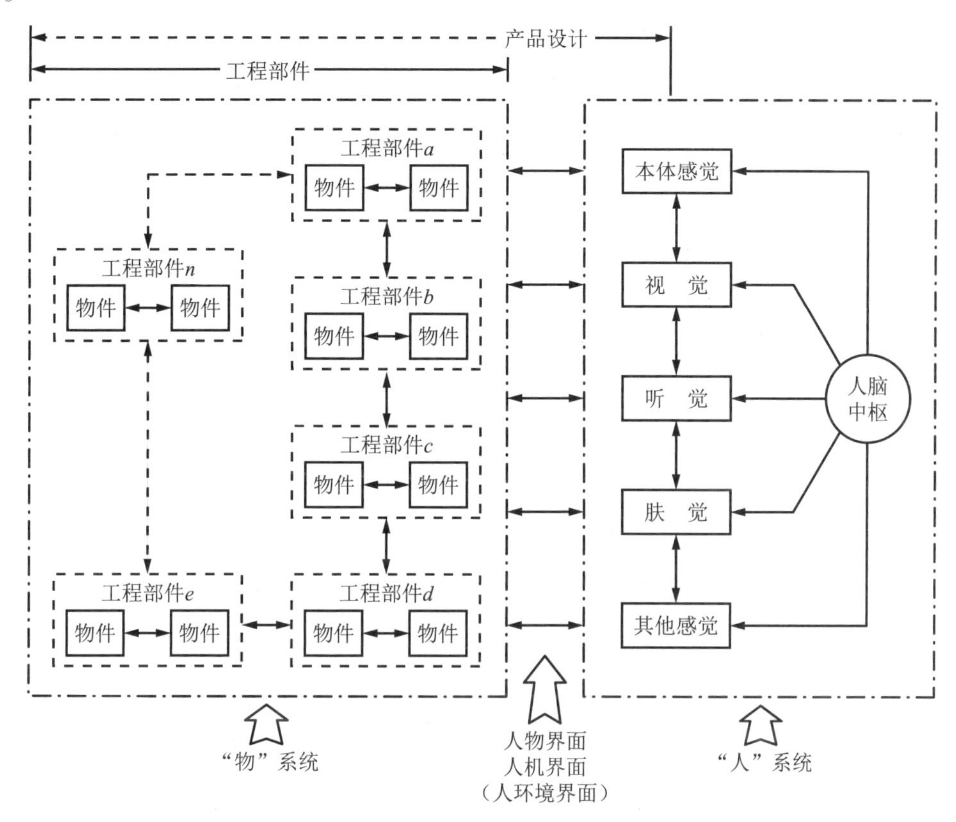

图1-2　产品设计与机械设计的关系

机械设计的造型虽然也有特定的功利目的，但它从工艺美术中脱胎而出的历史进程中，主要考虑解决产品中物与物之间的关系问题：例如，能量的传递与转换、力的传递与变换、速度快慢与方向的变换等，在综合这些单元的功效基础上使机械以某种特定方式运作，以实现某种特定的功能。但是任何实用产品的生产，不仅是使它能按特定的功能运行，更重要的是使它在人类的生产、生活中变得像人类自身躯体的功能一样得心应手地使用。产品设计的造型是在机械设计解决物与物关系的基础上，进一步解决产品中物和人的关系。换句话说，就是通过在产品造型上赋予产品良好的物与人之间的界面，让使用者在正常生理、心理状态下的相关感官达到最佳匹配。从这个意义上说，产品设计是以工程设计所解决的物与物之间的关系为基础，进一步解决物对人的关系。因此，产品设计对于机械设计，就像建筑学对于土木工程一样。我们可以将产品设计视为“工业产品的建筑学”。

3. 产品设计是生产力的构成

产品设计之所以诞生，就是为了满足人们日益增长的物质需求。产品设计的本质从它诞生之日起就决定了它是经济基础和生产力的重要组成部分。尽管产品设计还有象征价值的部分，但它不会像艺术品那样纯粹作为一种意识形态而存在，而是服务于人民大众的。

有人认为，设计就应该使其对象成为具有高度个性化、不可复制的，同时又富有高度艺术性的作品。其实，设计是为了满足消费者、使用者的各种需求而制作的物质，而消费者、使用者除了会对设计的对象提出客观的实用价值的需求之外，也会对设计对象提出主观的象征价值的需求。因此，设计应在尽可能满足消费者、使用者对产品实用价值需求的同时，也尽可能满足他们对产品象征功能的需求，以及满足对产品个性化的需求、对产品高度艺术性的需求。设计师只有依靠高度发展的生产力，才能满足社会对实用产品的广泛需求。设计师对产品的个性化也只能在保证生产力的前提下，依据标准化、模数化的原则来实现。在工业生产中，标准化、模数化为产品带来部件的高度可互换性。这是不以人们的意志为转移的，也是被近百年来国际工业设计的实践所证实的。

4. 产品设计需要造型作为载体

产品设计需要进行造型，但是产品设计的造型与工艺美术或造型艺术的造型完全不同。不论工艺美术还是造型艺术，它们的价值都在于造型本身。艺术是崇尚艺术家本人的手工操作的，也正是这种手工操作，成为艺术价值的重要体现。然而一旦艺术品的造型需借助一些高效的工具来实现，就将失去它绝大部分的价值。产品设计的价值不在于造型本身，而在于造型所体现的以产品实用价值为主的文化价值。为了能满足更多人对产品实用价值的需求，高效率、大批量的生产手段是必不可少的。因此，产品设计就要利用具有高度生产力的现代工业化工程的工艺技术进行造型，并且在进行产品设计时设计师要考虑工程制图。同时，产品设计所创造的产品造型必然留下现代机械化大工业的工程工艺技术的烙印。

5. 产品设计是分工与协作的产物

产品设计的特性决定了它不能采用与自由艺术或工艺美术中相同的方式进行造型活动，它必须利用现代机械化大工业、大批量的生产方式来实现，所以它也就带上了这种生产方式的典型特征。这一特征是产品设计分工与协作的产物，它的造型活动不是单凭个人力量就能胜任的，因为这是一个系统工程。为了设计、生产的顺利完成，在分工操作下，协作成为一种不可或缺的必要措施。在产品设计中，不仅在设计与产品生产造型之间有着严密的分工，在设计过程与生产操作中也分别按不同工种进行严密的分工。因此，产品设计师的工作方式与自由艺术家的个体方式完全不同，而是一种基于群体的团队合作。

6. 产品设计与相关学科的比较

产品设计既要创造实用价值又要创造象征价值，产品设计活动最终要创造有某种用途的、以现代工业手段生产的产品，并且要使这种产品能与人结合成一个有机的整体，它不仅要客观地实现与使用者群体有最佳匹配关系的特定功能，还要寻求一种既符合功能与结构，又符合广大使用人群审美情趣的形式。产品设计师首先有创造物的实用价值这一目标，站在实用的立场上，利用主客观综合的观点、形象思维与逻辑思维相结合的方式，再与人的生理、心理相呼应进行产品的造型设计，最终将其转换为可供生产的图纸、资料，运用工程的手段进行生产。在整个设计到生产完成的过程中，设计师必须遵循现代大工业的严格社会分工，并依靠团队合作来完成。因此，产品设计是一个交叉学科，也是一个系统工程。归根结底，它是现代生产方式的产物，是构成现代生产方式的一环，是现代人类生产、生活方式的创造，这就是产品设计的本质。

在工业化时代的特定条件下，工程设计由于历史原因在相当程度上出现了忽视人的生理和心理感受的倾向，于是产品设计作为一种重要的补充出现了，并不断地发展其独特的新品格。在现代工业化背景下的工艺美术却因产品设计的出现，在客观上丧失了制作实用产品的功利目的，除了保留手工工艺的特征之外，正在向自由艺术发展，在工业化背景下的自由艺术、工艺美术、产品设计与工程设计的异同如表1-1所示。它们最大的共同之处在于都有相同的造型要素，其中自由艺术与工艺美术两者比较相近。与产品设计相比，除了表面形式的某些相似点之外，它们在内在本质上的差异很大，几乎没有太多的共同之处。

表1-1 工业化背景下的自由艺术、工艺美术、产品设计与工程设计异同

比较内容	自由艺术	工艺美术	产品设计	工程设计
造型要素	形状、色彩、材质	形状、色彩、材质	形状、色彩、材质	形状、材质
实用价值	无	已丧失	为主	仅有实用价值
象征价值	仅有象征价值	为主	为辅	无
构成目的	情感功能	情感功能为主	实用功能为主	仅有实用功能
思维方式	形象思维	形象思维为主	两种思维相结合	逻辑思维为主
受动的感官	视觉	以视觉为主	综合感觉	机械间的检验
受制规律	主观	主观	客观为主 主观为辅	纯客观
解释的主体性	观众	观众	设计师	工程师
设计制作方式	不分工	不分工	分工	分工
生产方式	手工单件	手工单件	机械化、大批量互换式生产方式	机械化、大批量互换式生产方式

1.2.3 产品设计的分类

产品设计的分类有很多基准，难以实现统一的标准分类。在历史上，不同的设计师和学者提出了多种分类方法。例如，20世纪30年代，美国设计师哈罗德•凡•多伦提出了一种分类方法，在当时被广泛使用；随着工业化的快速发展，产品设计的领域和分类也随之扩展，变得更加广泛和多样化。下面详细地介绍这些分类。

1. 按手工艺和产业设计分类

1) 手工艺

手工艺是指使用传统工具和技术，由手工艺人制作的工艺品，如陶瓷。陶瓷是陶器与瓷器的统称，是我国工艺美术的重要组成部分。我国的传统陶瓷以其精湛的工艺和美观的形态闻名于世，具有极高的艺术价值。如图1-3所示，陶瓷工艺品不仅展现了手工艺的美学特性，还体现了深厚的文化底蕴和历史传统。

图1-3　陶瓷工艺品

2) 产业设计

产业设计和制造需综合考虑多种因素，利用现代工业的批量生产技术，兼顾目的性、审美性、经济性、实用性、独创性的设计原则，这样不仅能够实现规模化生成，还能满足市场和用户的多样化需求。

(1) 消费者产品：家电产品(见图1-4)、厨房用品(见图1-5)、休闲用品、玩具、家具(见图1-6)。

图1-4　家电产品

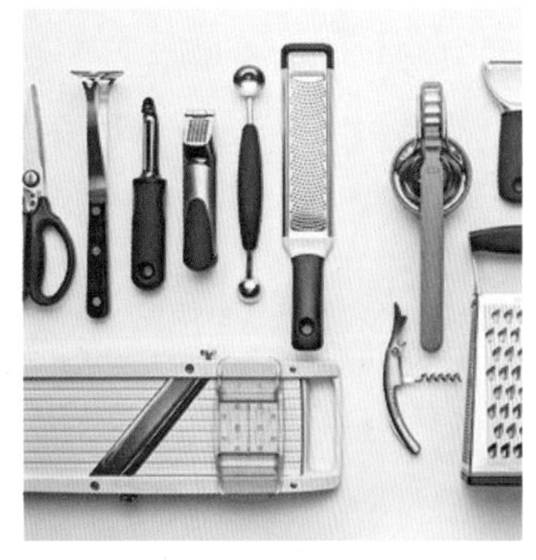

图1-5　厨房用品

图1-6　家具

(2) 办公及公共用品：文具(见图1-7)、办公设备、医疗设备、通信设备、商业及服务业设备。

(3) 产业装备：机床(见图1-8)、农业机械、矿山机械、水产机械等。

图1-7　文具

图1-8　机床

(4) 交通运输设备：汽车(见图1-9)、火车、船舶、飞机等。

图1-9　汽车

(5) 环境设备：交通辅助设备、室内外公共环境设备等。

(6) 其他：衣服等。

2. 按设计师的观点分类

按照20世纪30年代美国设计师哈罗德•凡•多伦的分类法，产品设计的分类如下。

(1) 消费品：一般指家庭用的产品，设计师比较容易表现造型设计的感觉，如暖气器材、通风器材、清扫用具、厨房用具、洗衣机、熨烫衣服用具、照明器材、卫生器材、电视机、花园用具、家具、室外家具、旅游行李箱、玩具、儿童室外游乐设施、体育及娱乐设备等，这是典型的居民使用的产品。

(2) 商业产品：指直接、间接为大众服务的产品，一般是不会在家庭中使用的产品群，如计量器、自动售货机、办公家具、文件柜、理发用具、烫染发用具、牙科用具、消毒器、治疗仪等。

(3) 资本货物或耐用商品：指企业或公共机关使用的产品，一般是功能性机械类产品，如机床、食品制造机、农业用机械、动力装备、通信设备、印刷机等。

(4) 运输产品：指直接、间接服务于大众的交通工具，如汽车、摩托车、自行车、小船等。还有用于公共运输目的的公交车、货车、地铁、船舶、飞机等，以上都是长久使用的产品。

3. 新型的分类

随着工业化进程的快速发展，以及产品设计师的不断努力，产品设计的领域越来越广泛。下面是目前产品设计丰富后比较详细的分类。

图1-10 音箱

(1) 家庭生活用品：电视机、音箱(见图1-10)、音响系统、电话机、钟表、家具、冰箱、洗衣机、空调、微波炉、燃气灶、电饭煲、厨房用具、电熨斗、吸尘器、垃圾桶、照明器材、电风扇、眼镜(见图1-11)、数码相机、玩具、加湿器、空气净化器、剃须刀、吹风机(见图1-12)、个人电脑及手机、智能家居系统等各种设备。

图1-11 眼镜

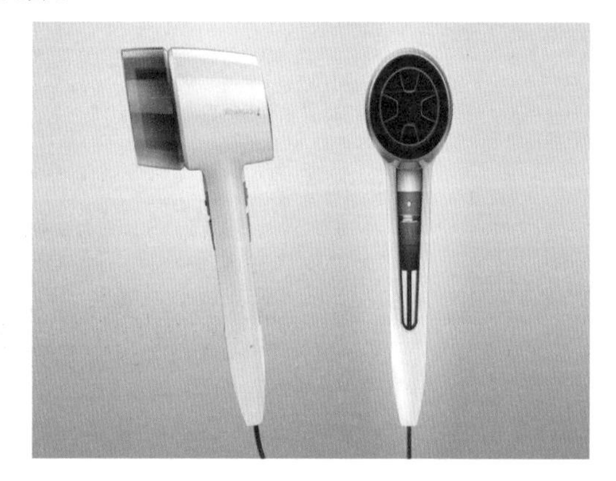

图1-12 吹风机

(2) 办公和教育用品：计算机、打印机等各种办公自动化用品，工作台、学习桌椅(见图1-13)、黑板(见图1-14)、文具、其他视听及教育器材等。

图1-13 学习桌椅

图1-14　黑板

(3) 科学和医疗用具：各种实验、实习用具，诊疗用具、诊断设备、查房用具、手术用具(见图1-15)、治疗机及关联患者治疗的辅助设施(见图1-16)。

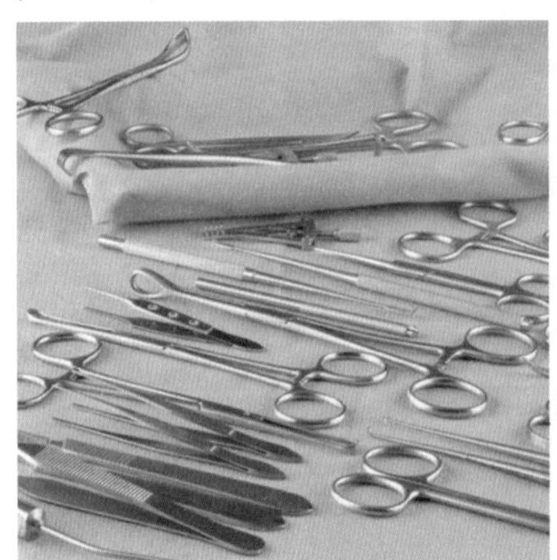

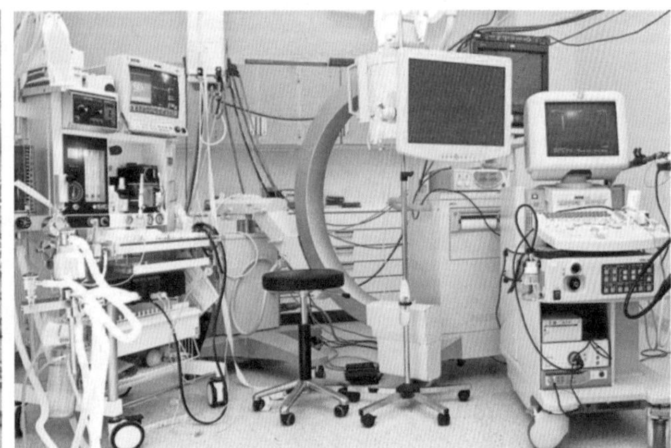

图1-15　手术用具

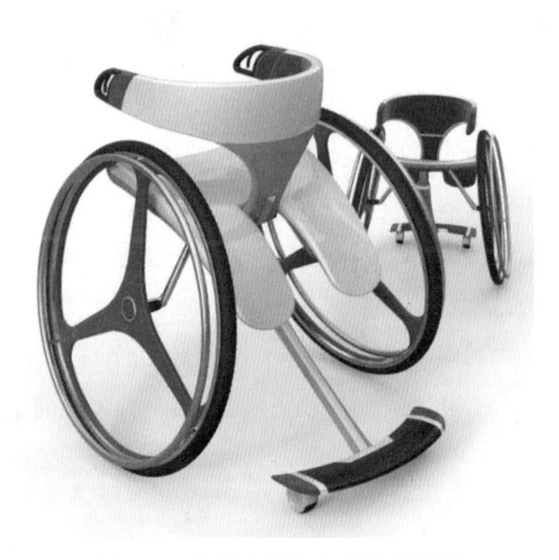

图1-16　关联患者治疗的辅助设施

(4) 娱乐、演艺、文化生活用品及休闲、体育用具：吉他、钢琴、电子琴等乐器，音响合成器(见图1-17)、大众体育、游玩用具，运动器材(见图1-18)，代步车(见图1-19)。

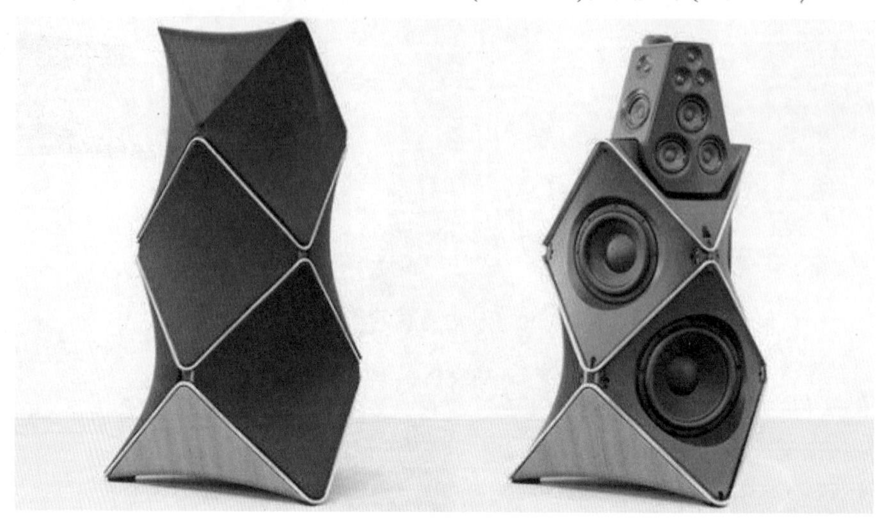

图1-17　音响合成器

图1-18　运动器材

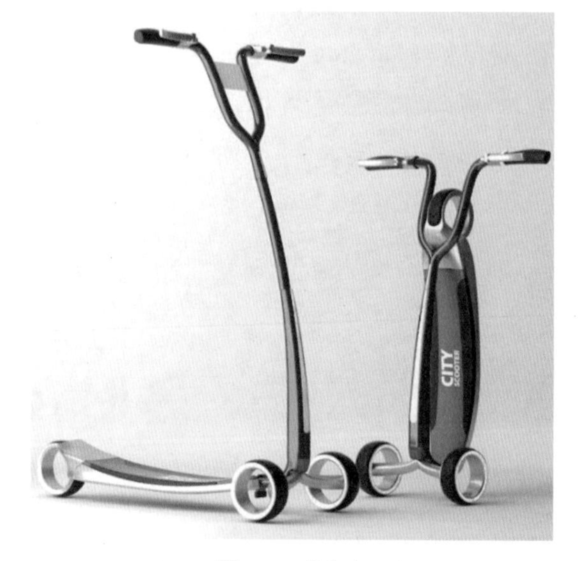

图1-19　代步车

(5) 各种工商业、农水产业、矿业用的生产和流通机器与设备：农业和园艺机械、机床，土木、林业和矿山机械，展示机器、自动售货机(见图1-20)、工厂自动化设备及辅助设施等。

(6) 运送机器及辅助设备：家用汽车、公交车、货车、冷冻车、急救车、消防车、清扫车、叉车、牵引车、混凝土搅拌车等，火车、飞机、船舶、摩托车、自行车、宇宙飞船等。

(7) 公共环境设施：路灯，指示牌(见图1-21)、长椅(见图1-22)、垃圾桶、饮水处、花盆、邮箱，喷水装置、消防栓等街头特有景物，临时平台、移动式洗手间、装配式房屋、建筑、铁桥、电线杆、停车场、小卖部、公厕、售票处、护栏、检票机、游乐场及公园的辅助设施，如图1-23所示。

图1-20　自动售货机

图1-21　指示牌

图1-22　长椅

图1-23　游乐场及公园的辅助设施

(8) 残疾人、老弱者的治疗与康复用具及设备，公共场所的福利环境设施：轮椅、步行辅助产品(见图1-24)，助听器、眼镜、特殊家具、电话亭、洗手间、用于特殊教育或工作的设备、居住环境设施、各种娱乐设施及辅助设施、辅助特殊群体独立生活的器材与设施，如图1-25所示。

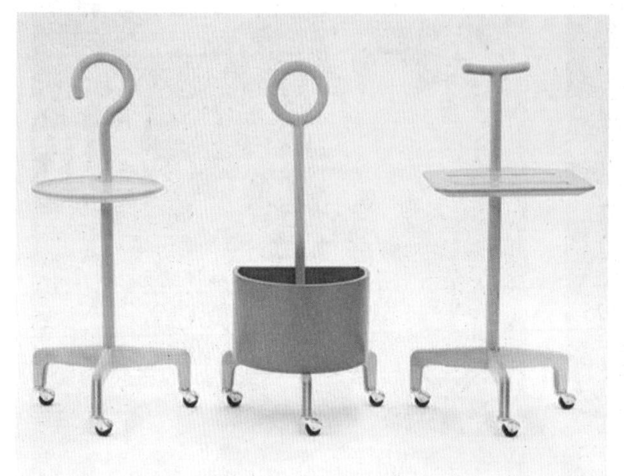
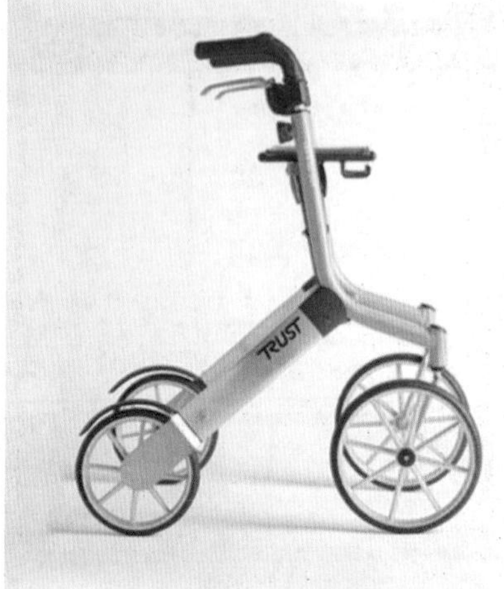

图1-24　步行辅助产品

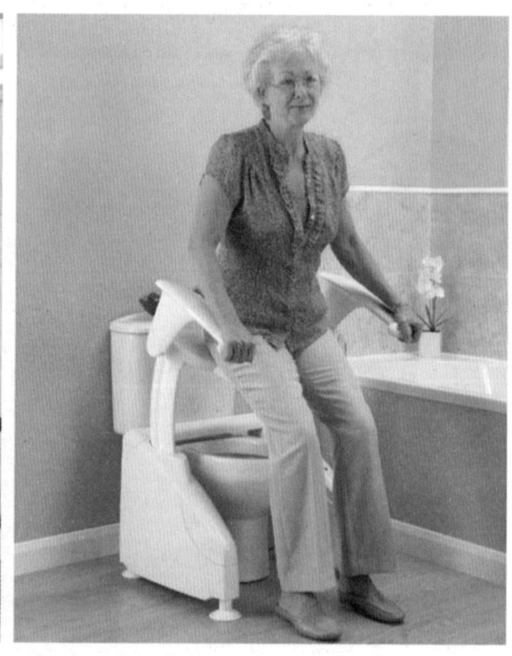

图1-25　辅助老人独立生活的器材与设施

(9) 国防用机器及设备：各种防卫用武器及战略设备等。

第2章

设计程序与方法的模式

主要内容：概述四种设计思维模式：逆向与顺向的思维模式、发散与聚集的思维模式、转换与移位的思维模式、创新的思维模式。

教学目标：让读者掌握逻辑思维的概念、分类及在设计中的重要性，能够清楚四种思维方式的应用情境。

学习要点：了解逆向与顺向的思维模式、发散与聚集的思维模式、转换与移位的思维模式、创新的思维模式的不同点及应用特征。

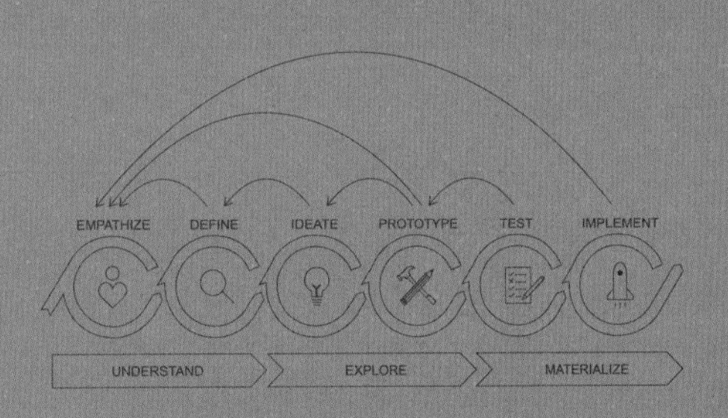

Product Design

2.1 逆向与顺向的思维模式

设计思维是寻找隐藏在表象背后的含义，并通过一定的组织方法有意识地表现其内在含义的过程，是人类改造世界、适应环境的主动思维方法。开放的设计思维是推动设计发展和设计理论形成的重要途径。设计中的各种创造思维方式，实际上早已客观存在于形形色色的设计活动中，经过人们的梳理与分类，呈现出不同的思维特征。各种不同的思维体现出设计思维的多向度特征。

设计思维是将思维的概念、意义、思想、精神通过设计的表现形式加以实现的过程。具体体现在设计中，是通过运用各种思维方法与创新手段实现设计的最终目的的思考过程。在此主要研究设计过程中的思维状态、思维程序及思维模式等内容。

2.1.1 逆向与顺向的概念

逆向思维是设计思维中的一种创新手段，它通常是针对惯性的顺向思维反着想、对着来，总是会打开新思路，令人耳目一新，启发思考。逆向思维也是质疑思维，富有创造力的人会习惯性地质疑生活中常态化的事物，思考为什么这样，能不能更好，有没有其他解决方案？很多同学经常会问：我不具备以上所说的创意思维能力，怎么办呢？

其实，每个人的创造力并非一成不变，和其他能力一样，是可以去发展的，并可达到某种程度。要促进其创造思维的开发，首先要防止固有观念先入为主，清除头脑中的固有思维，摆脱各种条条框框，摆脱束缚和制约。我们从小学识字开始，接受的教育就是读书看文字都是从左向右读取，长时间的阅读习惯使我们的大脑在看到任何图像类的东西时都是从左往右的顺序。例如，大家看到图2-1中的三角形指向哪个方向？通过调查实验，大部分人会直接说三角指向右边，少部分人会说指向左下方、左上方。这就是逆向与顺向的概念。

图2-1 指向不明的三角形

2.1.2 逆向与顺向的方法

逆向思维对于问题的解决特别有用，我们可以综合两种对立的问题，或者站在相反的立场去思考，还可以把几个问题归纳成一个，把复杂的事情简单化，或者把问题归纳为更小规模来研究，把具体的问题抽象化，用怀疑的态度看待问题本身及其方法和目的，然后寻找资料、产生构想、找到解答，再寻求接受。

图2-2中的男孩是哭还是笑？大部分人会遵循自己的阅读习惯从左到右看图片，这样观察时，可以看到第一个男孩嘴角向下、左眉毛向下，看上去一副不开心的表情；第二个男孩嘴角向上、左眉毛向上，看上去一副在笑的表情。如果我们改变固有的从左向右读取信息的习惯，打破头脑中的固有思维，利用逆向思维去观察图中的男孩，就会看到不一样的结果。以全新的思维方式去想象、去审视、去思考、去实践，会开辟一种新的创意思维的模式。

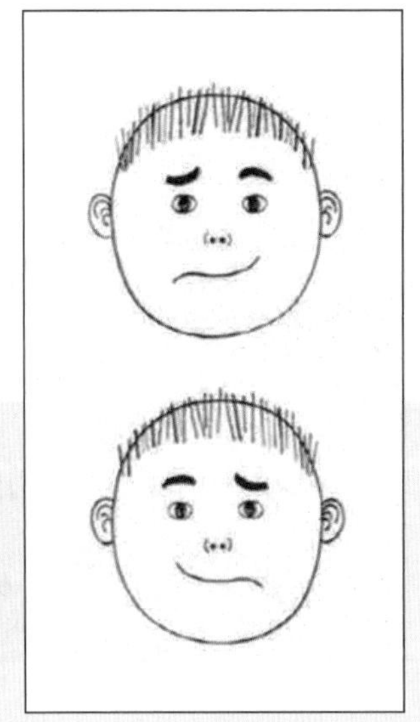
图2-2　不同表情的男孩

2.1.3　逆向与顺向的案例

当我们有时被某些事情烦扰、百思不得其解时，可以逆事物的过程、结果、条件和位置等进行思考，此时可能会茅塞顿开，收到意想不到的效果。在采用逆向思维方面，有许多成功的发明创造的例子。例如，刀削铅笔，刀动笔不动；采用逆向思维，笔动刀不动，于是就有了旋笔刀，如图2-3所示。人上楼梯，人动梯不动；采用逆向思维，梯动人不动，于是就有了电梯，如图2-4所示。

图2-3　自动转笔刀

图2-4　电梯

在创意思维方面，逆向思维所创造的反常规视觉效果不仅在视觉生理、心理上给观者带来强烈的震撼，而且为设计拓宽了想象空间，最终达到准确而深刻地传达信息的目的。常用的反常规的设计手法有图形悖论、荒诞怪异、图底反转共生、解构重组等。这种思维上的逆反转化，反倒更加强化了事物的性质本身。极端的强化也是一种思维形式。反过来，一个事物取消了其独有的特点，可能会给人带来怎样的视觉上的联想变化呢？这值得我们在设计中加以尝试思考。

逆向思维总能给我们带来新鲜的感受，形成新颖的形象，例如，列奥纳多•达•芬奇的《天使报喜》是西方艺术史上重要的创新技法作品，如图2-5所示。

图2-5 《天使报喜》

观察《天使报喜》这幅画，从绘画的创意构思、构图、透视关系、观看者视角等体会其特点，并着重讲解这幅画的创新绘画手法。

文艺复兴之后的画家都比较推崇阿尔贝蒂的绘画论及布鲁内莱斯基的线透视法。当时判断画家本领的标准是谁更会表现三维空间，不过也出现了奇怪的绘画。如图2-6所示，其中圈出的黄色区域有些奇怪。《天使报喜》这幅画要表达的是：天使从天上飞下来告诉玛丽她马上会怀孕，并会顺利生下孩子，这个孩子就是耶稣。玛丽听到天使的消息很吃惊。这是西洋绘画中常见的主题。

图2-6 《天使报喜》重点

在这幅画中出现了很奇怪的部分，好像是画错了，主要有以下几个矛盾点。

(1) 玛丽面前的饭桌。饭桌离玛丽距离太远了，一般情况下画家应该把饭桌与玛丽的距离画得更近些。

(2) 玛丽的胳膊。仔细观察玛丽的胳膊，发现右胳膊比左胳膊长。

(3) 玛丽后面砖头的角度问题。每个砖头角度的消失点不一致，以玛丽为中心，左右侧砖头的角度不一样，这意味着这幅画的透视法是矛盾的。

(4) 左边的天使。因为我们知道这幅画的故事内容，所以把她看成天使，但是她的造型像鸽子。

达•芬奇作为一位天才艺术家，会在绘画中犯这么多的错误吗？他违反了文艺复兴时期重要的透视法原则吗？其实这是达•芬奇运用反常规的思维手法，打破了传统固有思维的束缚，用逆向思维创新，反倒更加强化了事物本身的特性。达•芬奇考虑了这幅画的展示位置，以及人们观看画作的视角。这幅画原来挂在大教堂前列的高墙上面，因为前面有祭坛，一般人不能靠近。如图2-7所示，人们只能从右侧较低的位置抬头观赏画作。达•芬奇考虑"看这幅画的人站的地方"创作这幅画，如果从正面直视这幅画就会发现很多奇怪的错误，如果从观看者的实际位置去看这幅画一切就都合理了。如图2-8所示，透视法既是客观的约定，也是主观的发现，达•芬奇的《天使报喜》就是运用逆向思维进行了画面的创新。

图2-7　看画人所能站到的位置

图2-8　从右边去看画面透视关系

2.2　发散与聚集的思维模式

2.2.1　发散与聚集的概念

发散是指思维朝着不同的角度与方向扩散，是由美国心理学家吉尔福特在1950年的一次关于创造力的演讲中提出的。发散的重要意义在于能够提出更多的解决方案和设想，以及更多的创意和构思。聚集则是通过比较分析，从中找出较好的解决方案。

发散的思维呈现独创性、灵活性、变通性、流畅性的特点，我们可以从功能、结构、形态、方法、组合等方面展开发散思维，可以标新立异、奇思妙想、异想天开、独出心裁。

2.2.2 发散与聚集的方法

发散思维与聚集思维相互补充、转化和融合，可以构建创新思维的运行模式，给人们带来全新的视觉享受，创造具有视觉冲击力的图像。发散思维与创造力有直接关系，它可以使设计师思维灵活、思路开阔；聚集思维则具有普遍性、稳定性、持久性的效果，是掌握规律性知识的重要思维方式。聚集思维也称求同思维，是指把各种信息聚合起来，朝着同一个方向进行思考，以得出一个正确答案。求同是聚集思维的主要特点，即聚集思维是一种利用已有的知识经验或常用的方法，有方向、有范围、有组织、有条理地解决问题思维方式。

发散思维具有三个特点：第一是流畅性，流畅性就是观念的自由发挥，指在尽可能短的时间内生成并表达尽可能多样的思维观念。流畅性反映的是发散思维的速度和数量特征；第二是变通性，变通性就是克服人们头脑中某种自己设置的僵化的思维框架，按照某一新的方向思索问题，需要借助横向类比、跨域想象，使发散思维沿着不同的方面和方向扩散，表现出多样性和多面性；第三是独特性，独特性指人们在发散思维中表现出不同寻常、异于他人的新奇反应能力。独特性是发散思维的最高目标。发散思维不仅运用视觉思维和听觉思维，也充分利用其他感官接收信息并进行加工。如果能够想办法激发个人的兴趣，产生激情，将信息感性化，会提高发散思维的速度与效果。

聚集思维具有三个特点：第一，具有封闭性，聚集思维是把许多发散思维的结果由不同方向集合起来，然后选择一个合理的答案；第二，具有连续性，聚集思维是一环扣一环的，具有较强的连续性。第三，聚集思维会围绕问题进行反复思考，有时甚至停顿下来，使原有的思维浓缩、聚拢，形成思维的纵向深度和强大的穿透力，在解决问题的特定指向上思考，并不断努力，最终达到质的飞跃，以顺利解决问题。

设计思维既能进行有条理性的逻辑思维，又能发散地用形象联想，同时呈现分散与聚合的思维特点。发散思维与聚集思维相互补充、转化和融合，才能构建创新思维的运行模式，能够激发无限的创新潜力，为人们带来新颖的设计作品。

2.2.3 发散与聚集的案例

以回形针为例，20世纪80年代，在中国举行的一个创造学学术会上，日本学者村上拿出一枚回形针(图2-9为常用的回形针)，问大家回形针的用途有多少种。一位中国学者回答说有三十多种，日本学者说他可以列出三百多种用途。一位名字叫许国泰的中国人递条子，说他可以列出无数种用途，如果想要了解这些用途，必须对回形针进行解剖，将回形针的颜色、重量、形状、质地、性质等都逐一分解成不同的概念，并列成横、纵坐标，标出其在数

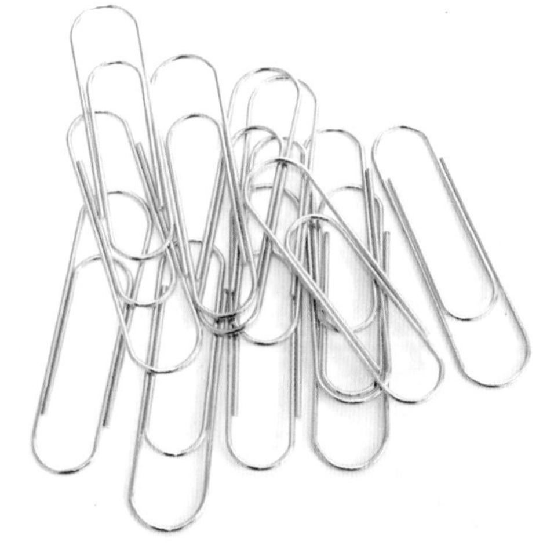

图2-9 回形针

学、物理、化学等方面可能的用途，如图2-10所示。

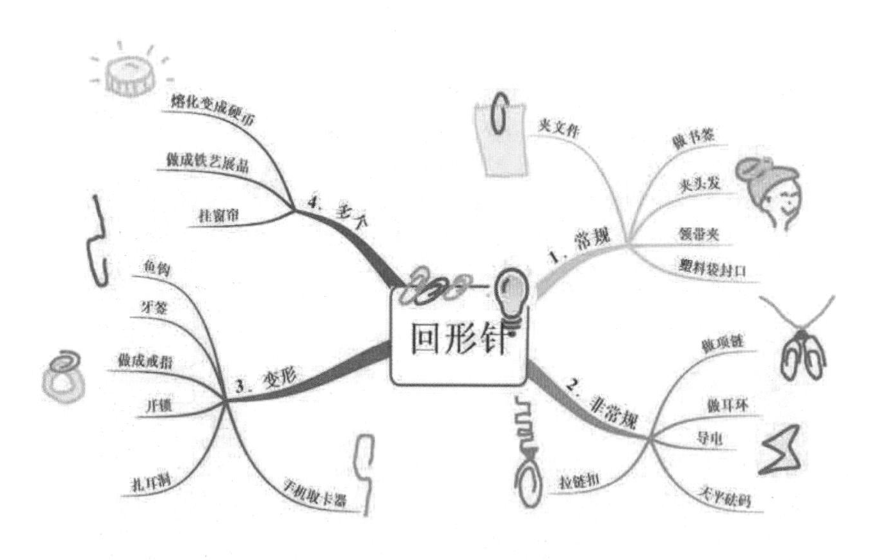

图2-10　回形针的分解概念图

于是，回形针的重量可以用作砝码；回形针的形状可以弯成数字、字母；回形针的金属可以与其他物质发生反应……再沿着各个方向进行引申，就可能发散成无数的枝状思路。这样的思维依托于理性思维的概念推理，无论是提出回形针用途可能性的第一步，还是中途的无数设想，想象必然在起作用。形象的联想思维结合概念的推理思维，回形针就有了超出常规用途的可能性。回形针最好的用途，还是其别针的功能。图2-11为回形针的创新设计。

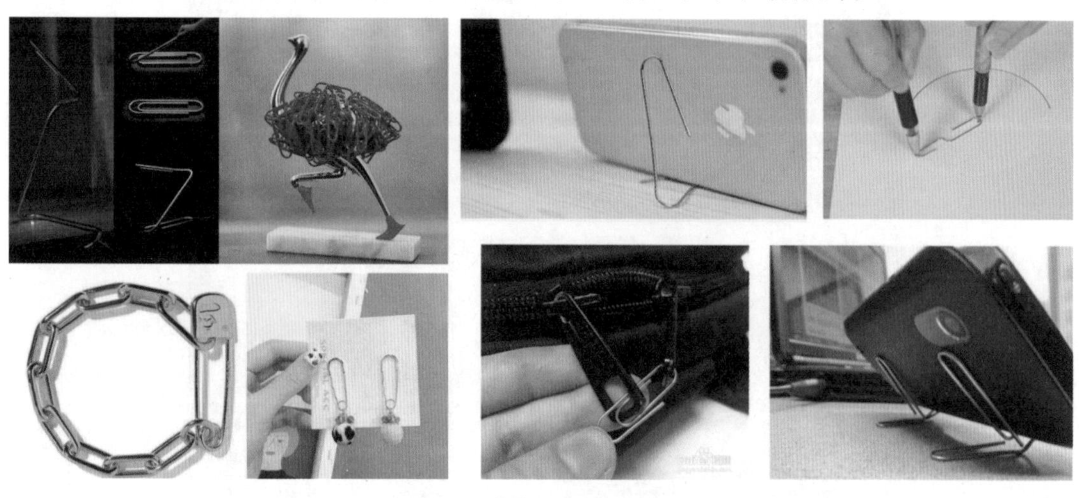

图2-11　多种回形针创新设计

三宅一生(Issey Miyake)设计师近藤悟史在巴黎时装周带来的首秀——Issey Miyake 2020春夏系列发布会，让设计回到服装的源点，在传统技法与现代科技中寻找新的结合，运用发散的思维，以全新视角重新演绎独特的穿衣乐趣，给观众焕然一新的视觉体验。在这场时装秀中大量运用色彩丰富和轻盈的布料，展现欢愉的心境和无拘无束、自在的感受，如图2-12所示。时装表演艺术的呈现方式从静态到动态，转换得十分契合，具有垂感、柔软的面料，给予服饰新的表达语言。舞者、滑行于秀场上的滑板滑手和溜冰选手，身着各色款式的服装，穿行在秀场的每个角落，如图2-13所示。

图2-12　三宅一生 2020春夏时装秀1

图2-13　三宅一生2020春夏时装秀2

2.3　转换与移位的思维模式

2.3.1　转换与移位的概念

常规的思维可以通过对事物性质的转换加以打破，也就是不相信事物的特点只能有单一的解释和常规的定义。思维的认识可以呈现对事物性质的自觉转换。例如，将背景与图形部分相互转换。

如果说转换思维是指从另一个角度思考同一个问题，那么移位思维是指超出自我的局限，站在对象的位置来考虑问题。我们会面临不同的消费对象、不同的受众，他们对这个问题是如何看待的，成为重要的设计依据。因此，设身处地为对方着想，转化成对方来看待同一个问题，多多少少也是“顾客就是上帝”的服务思想带来的思维方式的转变。

2.3.2　转换与移位的方法

转换与移位的概念是在不断思考中形成的。思索的过程就是整理概念的过程，概念形成主题就为设计创造了新的出发点。转换方法是：当遇到棘手的难题时，我们会煞费苦心地去思索，去寻找解决问题的办法，但并不是所有的难题都可以通过思索解决，在许多情况下，我们会在某一个具体问题上一筹莫展，陷入束手无策的困境。怎样才能摆脱困境、打开局面呢？其中一个重要的方法就是转换法。这种转换的方式就像河水一样，在流动中常遇到某种东西受到阻碍，但并不会因此停流，而是巧妙地从两侧绕过去，最终到达目的地。这种自然现象给我们的启示是，当遇到某种阻力或难关屡攻不破时，可以像河水遇阻一样转换思维，改变视角、换种方式、换个角度，从与这个问题有关的其他方面去考虑，去寻找创意点。移位法是将一个研究对象的理念、方法、手段等转移到其他研究对象上，是促进学科之间相互渗透和综合而取得成果的一种方法。移位法可采用纵向移位、横向移位、综合移位和在同一领域的不同研究对象或不同领域的各种研究对象之间进行的技术移位。

2.3.3　转换与移位的案例

下面来看3M公司强化玻璃广告的案例。图2-14和图2-15中有一面玻璃墙，在里面放了300万美元，这是2016年在美国的SNS上火爆的广告照片，也是一种网络广告。这是3M公司对所有观众发出的挑战，广告中昭示“如果你能拿走这些钱，我们公司不用你负责”。这个广告其实相当于一张挑战书。很多人在网络上转发这张照片，仿佛在等着聪明的人能够想出办法拿走这些钱，不过实际上是什么呢？是利用了转换与移位的方法，让人联想到这种玻璃的坚韧性、安全性，这家公司通过这样的广告彰显自己的自信和产品的优势，说明自家的强化玻璃是没办法打碎的，选择使用自己公司的玻璃的话，可以提高安全程度。

作为设计人员，在创新思维中不能有太多的概念堆积，需要不断提升认知，寻找有趣、准确的概念作为设计着眼点；同时，可以通过不同要素的结合，突破原有要素的基本概念，从而得到更有新意的创意设计。

图2-14　防爆玻璃广告

图2-15　在街头展示的防爆玻璃广告

2.4　创新的思维模式

2.4.1　创新思维的概念

创新思维是突破思维定式的思维方式，以打破惯性思维为特征，是以直观、感性、想象为基础的大胆的思维活动。创新思维是综合运用抽象思维、形象思维、知觉思维、发散思维、跳跃思维等多种思维形式，与情感、意愿、动机、意志、理想与信念等紧密相连。创造与创意能力是设计艺术基本和核心的能力，创造能力的培养是设计教育的重点。一切创造都存在两个过程：知觉与表现。对我们而言，创造性思维与情感、意志、个性、意念密切相连，在感觉、知觉、记忆、情绪、思想、审美等心理活动中发挥作用。

2.4.2 创新的方法

创新包括两个阶段，即获取解决问题所需知识的阶段和产生潜在问题解决方案的阶段。创新需要解决设计思维如何以更快的速度和更好的品质在“获取”和“解决”的过程中发挥作用的问题。应用性质完全不同的要素，强制毫不关联的事物发生关联，将问题转移成其他问题，联想就有了极大的空间，设计也在一切事物之中。

设计的创新思维意味着新的理念应当超越旧的理念，并且这个新理念不断地与已有的其他理念冲撞、融合。在理念整合的过程中，设计师通过变化和转换的方式，努力将一个理念进行更大的优化。新与旧的元素都有可能被很好地包含在创新中，这样的创新是承前启后的。所谓的超前很大程度上在未来是有实效的，而含有旧的要素的创新，则很好地起着过渡的作用。

对设计师而言，创新需具有“有用性”，这种有用性对于设计很重要，甚至超过了“新”。“有用”是一个较为恒定的设计标准，设计需要经过客户与无数消费者的应用而得到认定，这是一种自然的检验，有效、客观，起着优胜劣汰的作用。显然，这种认定的重要性超越了设计师个人的满足感。

2.4.3 创新的案例

成功的创新意味着对历史有深入的了解，意味着对过去的理念进行了超越。在此过程中，理念的组合与协调非常重要，单独的理念很难出新，而理念的组合与协调则有可能突破一个理念本身的局限，建立相关理念的联系。更深刻的理念可以从融合中获得。因此，理念外向的导引及其与其他理念相互碰撞就变得非常重要，理念超越的推力可能来自理念自身的系统之外。

创造性思维不受时空的限制，也不受常规概念的约束，借助想象、联想、幻想的虚构进行具象思维，以创造新的形象为己任。逻辑思维可以减少形象思维的偏差，但它不能成为形象思维的羁绊。在这个阶段，逻辑思维和形象思维同样包含多种思维方式，如发散、聚集、联想、逆向、均衡等，就是在思维过程中对头脑中已存有的各种表象加以发散、聚集、联想、逆向、均衡，是由一种事物想到另一种事物的思维推移与思维呼应的心理过程。可以将中断了联系的事物或两个不同的概念加以综合，使之产生相互联系。这种情况一旦产生，就必然形成科学幻想。相互联系着的客观事物对人的刺激首先是在大脑皮层中形成各种短时的联系，由于记忆的作用使这些暂时的联系在大脑中留下印迹，并在一定条件下激活，从而创造新的东西。

创造性思维是人的天赋，其能力却取决于后天的发展，凭借丰富的实践经验和跨学科跨领域、多元、广博的知识积累，创造性思维的能力越强，创造的能力才会越强，才能具备别人连想都不敢想的诸多事物的创意联想方案，取之所用，即可产生创造性、创新性和独特性。世界上几乎每一项发明和科学发现，都涉及各种思维方式的组合，都有创造性思维的过程，那些充满神奇色彩的，靠直觉、靠灵感所获得的创新，也都是以充分的创造性思维为基础的。如果没有创造性思维，创造活动几乎无法进行。

获得2014年IF概念设计奖的设计师邱思敏设计的Swirl水龙头极具特色，如图2-16和图2-17所示。水龙头内含上、下两种不同直径的涡轮转片，当打开后，两种水流通过顺时针与逆时针交织，形成迷人的液体晶格，给人视觉上的享受。人们可采用敲击或触摸方式开启，相比普通水龙头，Swirl流出的水流还拥有更柔软舒适的手感、节约15%的用水，而且开关设计干净卫生，减少手的接触。不同的水流，给人新奇感，设计师的灵感来源是漩涡。漩涡是自然界常见的一种形态、一种运动方式。

图2-16　Swirl水龙头

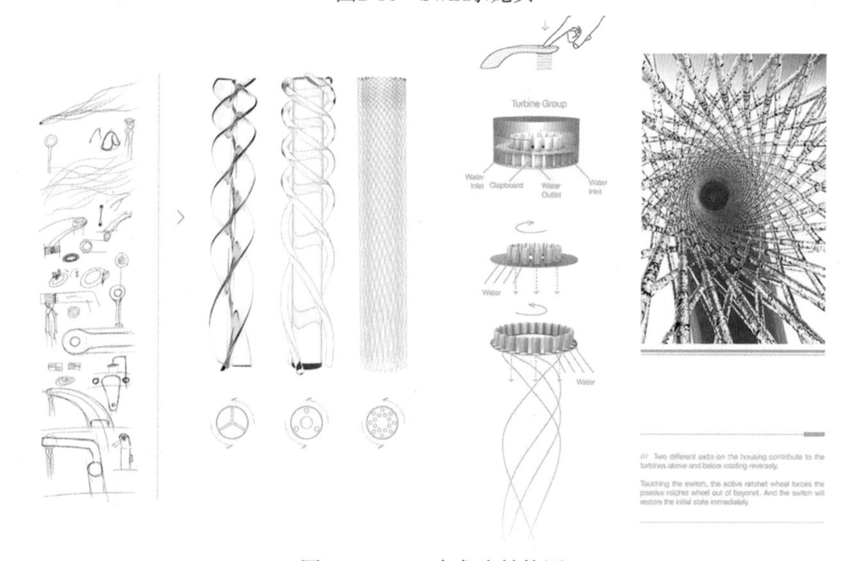

图2-17　Swirl水龙头结构图

设计师杰伊•沃森设计了名为“逗留一会儿”(*Linger a Little Longer*)的家具产品，这是一款热敏家具，它采用实心橡木手工制作，在表面覆盖了一层热敏变色涂层。当带有温度的人体或其他物体与其接触时，敏感的热敏涂层就会做出响应，其黑色的热敏涂料会缓缓褪去，显现出被覆盖的木色桌面，非常有趣。传统东西加上新材料，新材料赋予其新鲜使用感，不但会让人们主动试用产品，更能让人们在使用时获得乐趣，如图2-18所示。

图2-19是奥地利设计师克莱门斯•托格勒设计的Evolution Door变形门，此门由上、下两个可折叠的正方形组成，可以在铰链、承轴的帮助下，根据力学原理以折叠翻转的形式完成门的开合。人在开关门时会对操作产生深刻的印象。打破传统门的开关方式，结合几何力学知识，形式新颖，赋予门无限的可能性。

图2-18　热敏家具

图2-19　Evolution Door变形门

图2-20是设计师深泽直人设计的壁挂式拉绳CD机，开关仿台灯形式，增强了人的操作感，拉下开关，音乐响起，仿佛一阵“音乐之风”迎面扑来，一个个音符轻轻地流进了心田。利用“无意识设计”让用户在使用这款产品时完全不需要使用说明书，可在无意识状态下拉下绳子使用。

图2-21是设计师村田智明设计的使用LED的电子蜡烛Hono，只要使用附上的火柴棒或是用手轻轻触碰，细长白色塑料所包裹的LED便会被点燃，宛如一支优雅的白色蜡烛。轻轻一吹，蜡烛就会熄灭，而用力地吹——就像你吹生日蜡烛那样，猛一吹不会熄灭，“烛光”反而摇曳起来。仿造生活中具有相同功能的产品，以提高趣味性。

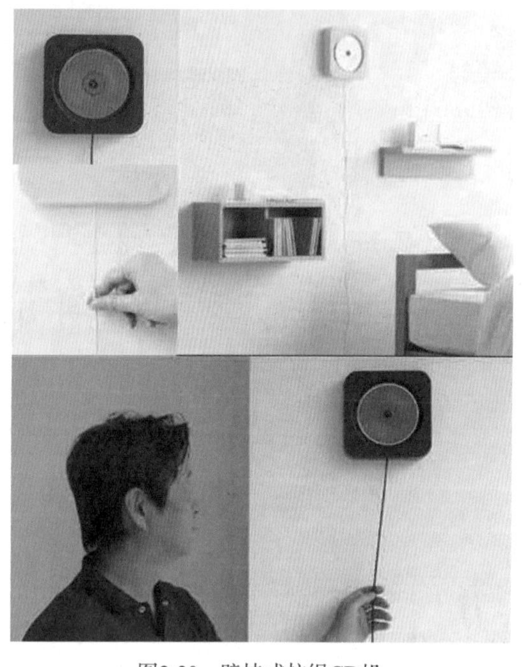

图2-20　壁挂式拉绳CD机

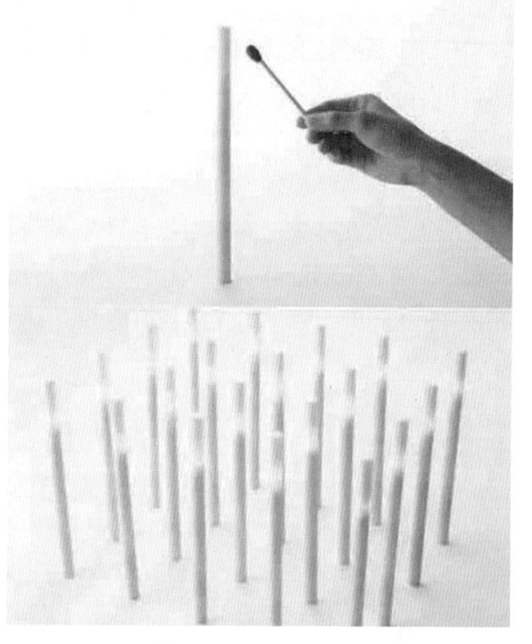

图2-21　LED电子蜡烛

图2-22是墨西哥设计师雅各布•戈麦斯设计的办公椅，这款椅子能够适应各种不同的家庭和工作环境。巨大的耳罩椅背设计提供了高级的隔音效果，该设计不仅能满足个人集中注意力工作的需求，还适用于多人组队的讨论互动——非常适合开放的工作空间。椅子由三种不同的木材制作，可选择三种不同的颜色。有趣的色彩对比，无论从何种角度看，都有令人惊讶的细节。

图2-22　办公椅

图2-23是日本东京6474事务所设计的翻页椅。设计师设计了可随意翻起的层叠坐垫，这样既可以灵活调整坐垫和靠垫的厚度，也能通过不同颜色的坐垫改变椅子的颜色，做到兼具舒适性与美观性。这一富有想象力的设计使椅子与使用者之间产生了有趣的互动，不仅彰显了使用者的个性，也增加了使用的乐趣。

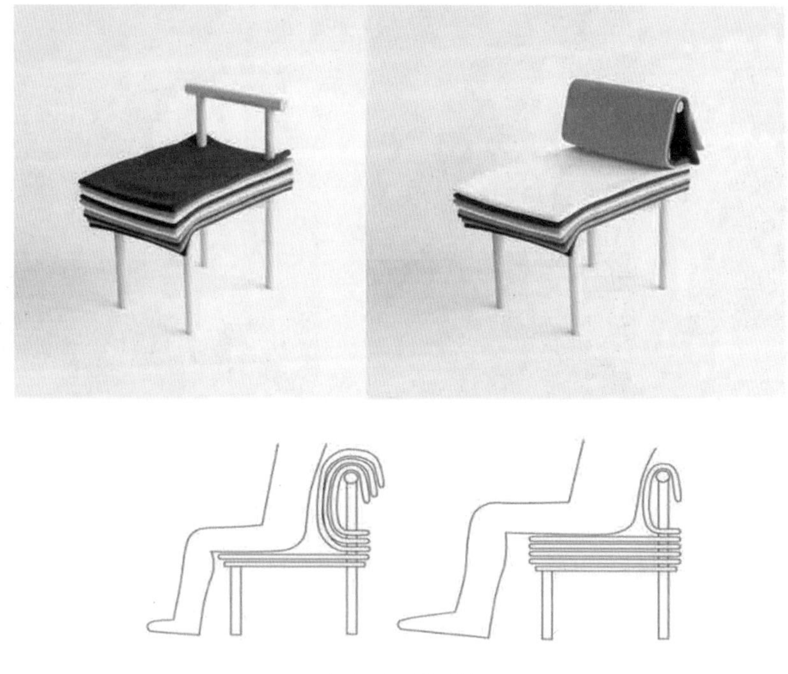

图2-23　翻页椅

图2-24是日本Daisuke Motogi设计事务所设计的迷失沙发Lost in sofa。人们都有懒洋洋地迷失在沙发中的经历，不过遇到这款沙发，习惯差一些的人可能连手上拿的小东西都要“迷失”在某个夹层里了。这款迷失沙发秉持收纳至上的精神，由若干富有弹性而柔软的小方块组成，方块与方块之间的缝隙刚好可以用于塞东西，如遥控器、图书、杂志、报纸、游戏机、手机、iPad等都能完美收纳。

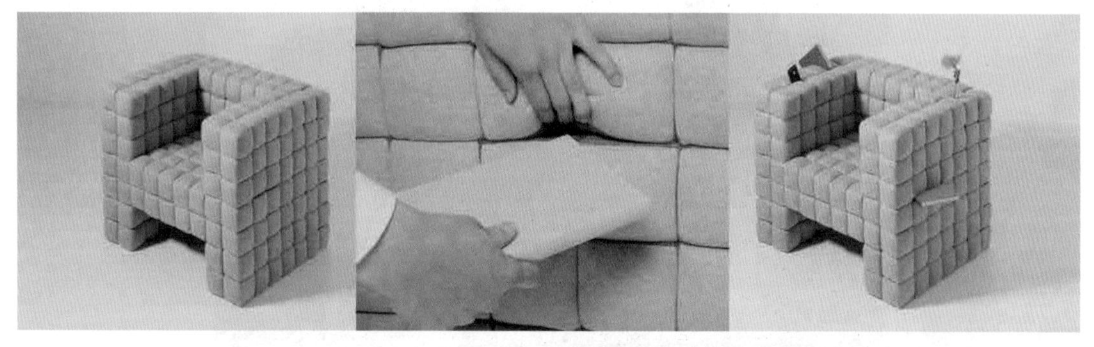

图2-24　迷失沙发

图2-25是英国设计师亚历山德罗•伊索拉和苏普里亚•曼卡德设计的Torque书桌，这款“扭曲”形态的书桌，增添了储物功能。该设计已然成为一件非传统正式的作品，它是一个可以“扭动”起来、充满活力的空间储物装置。设计师将精密的工程技术与手工工艺巧妙地嫁接起

来，使书桌金属身躯的每个部分都能发挥功能。书桌的桌面在一侧向下折叠形成支撑结构，另一侧则停靠在一组堆叠的抽屉上。可旋转开启的抽屉通过悬臂结构固定在纵梁支撑柱上，隐藏的电源线收纳装置则能为使用者打造一个整洁的工作环境。

图2-25　Torque书桌

图2-26是设计师保罗•维埃塔勒设计的可旋转双肩包Paxis。背包是很多人外出远行必备之物，能把常用物品如手机、钱包、饭盒等一次性收纳其中，但普通背包的使用体验很不友好，每次取东西时都要先把背包卸下来，取完后又必须再次背上，这也是普通背包设计的通病。但可旋转背包解决了这些烦恼，它分为上、下两部分，上半部分与普通背包没有区别，也是遵从卸下后打开的设计；而下半部较小的部分就能以旋转的方式从侧面旋出打开，不需卸下背包，取放物品瞬间完成，很适合手机、纸巾、小食等常用小物品的取放。

图2-26　双肩包

日本设计师吉田磨希子设计的人面公仔发泄球，深受白领上班族的喜爱。他们每天在办公室内辛勤工作，有些人压力很大，如果没有发泄渠道，很容易导致心理问题，这款发泄减压球适合白领在办公室内使用，使压力得到缓解，心情得以释放，如图2-27所示。

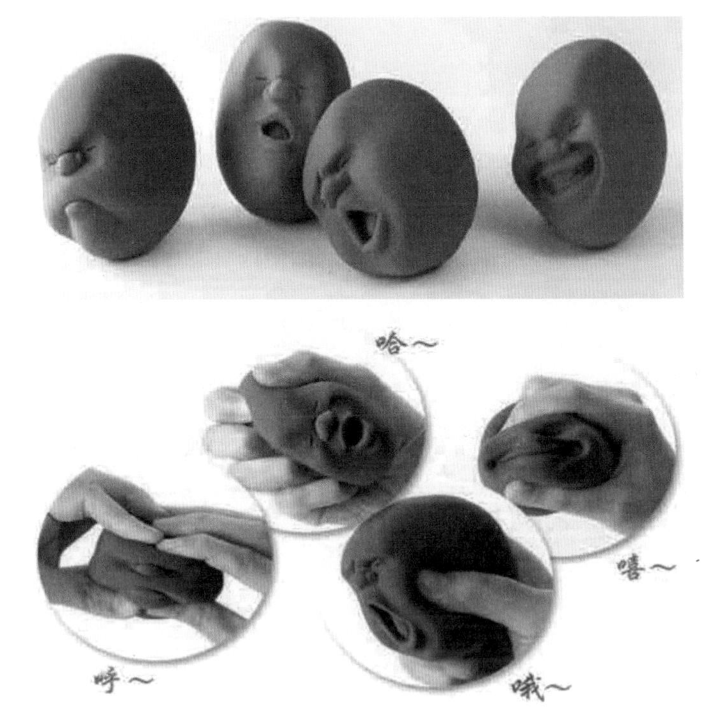

图2-27　人面公仔发泄球

图2-28是瑞士设计师贝尼•温特设计的能上下楼梯的履带轮椅Scalevo，在平地移动时，与一般的轮椅并无不同，而两边轮子上方藏有两条爬行履带，当遇到楼梯时，使用者只要按下按键，履带就会自动降下来攀爬楼梯。传感器会检测每一级楼梯的高度，自动适应攀爬，使用者只需利用操控杆调节好攀爬速度。为了安全起见，操控杆只要一松开就会停止爬行，当然凹凸不平的路面也能轻松应对。

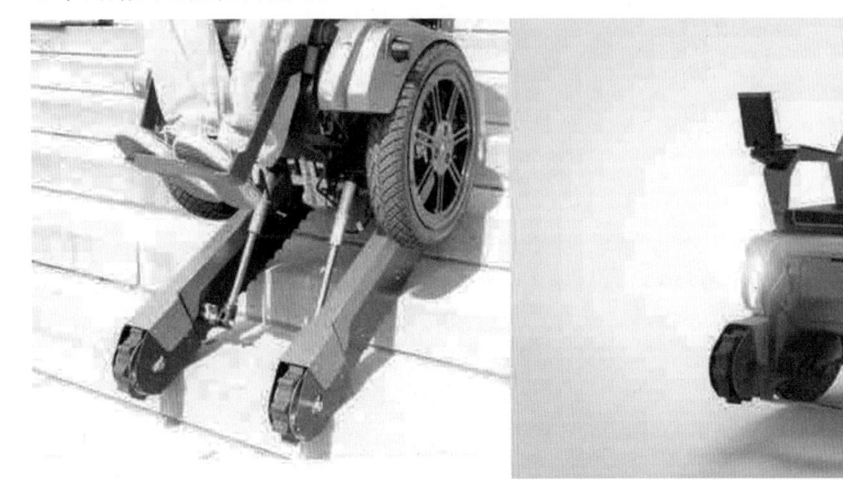

图2-28　履带轮椅

第3章

创意性设计方法

主要内容：讲解创意性设计的法则和方法，并举例说明。

教学目标：让读者了解创意性设计的本质、规律、法则和方法。

学习要点：了解创意性设计的本质、规律、法则和方法。

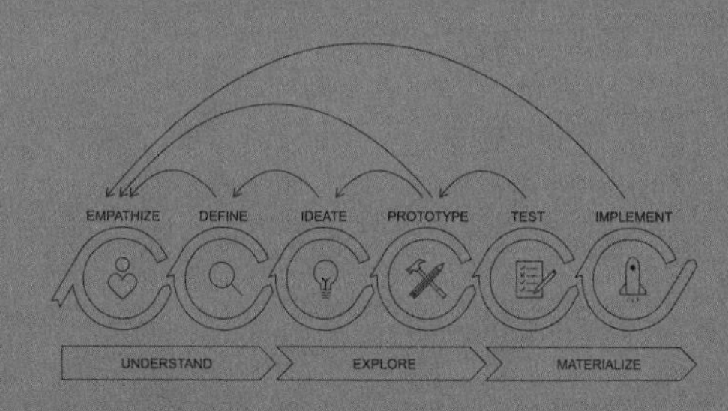

Product Design

3.1 了解创意性设计方法

在所有设计方法中，最重要的莫过于创意性设计方法。毫不夸张地说，如果没有创意性设计方法，人类可能还停留在原始社会。未来更是一个创造的时代，创意决定着人类的一切文明。

之所以要研究创意性设计方法，首先，因为它可以使设计师懂得如何更充分地发挥人脑的创造能力，开发出无尽的智力潜能。其次，通过对创意性设计方法的研究，可以进一步了解人类的创意机制，使设计师能够富有成效地应用创意性的设计，超越常规，以全新的概念从整体出发，全方位、多元化、纵横交叉地去思考新观念下的新创意。

3.1.1 创意性设计方法概述

创意性设计方法是人类大脑所特有的属性。人类凭借创意性设计方法不断认识世界和改造世界。人类所创造的一切成果都是创意性设计方法的结果。人们虽然无限赞美创造的成果，崇拜科学家，敬仰发明者，但是对于人类自身所特有的创意性设计方法却知之甚少，对于创意性设计方法的本质、特征及其发生机制也了解甚少，连什么叫创意性设计方法都难以说清楚，而且迄今尚未有一致意见。

创意性设计方法可以分为以下两类。

(1) 再现性设计方法：又称为常规设计方法，一般是指利用已有的知识或使用现成的方案和程序进行的一种重复性设计方法。例如，由迈克尔•格雷夫斯设计的Kettle水壶，造型为圆锥体，这是因为烧水的速度快慢与水壶外壁的倾斜程度和壶底受热面积大小有关。水壶把手设计位置非常合理，提起水壶时感觉非常顺手，不容易被烫到。壶口红色代表热，把手蓝色代表冷，壶盖头部则是中性的黑色。壶口设计成小鸟雕塑，水开的时候小鸟会高声鸣叫，这样的设计给水壶注入了灵性，充分激发人们想要拥有它的欲望，如图3-1所示。

图3-1 Kettle水壶

(2) 创造性设计方法：是指设计方法的结果具有明显的新颖性和独特性。创意性设计方法概述只是按“设计方法是否具有新颖性”的标准划分的一类结果，与其他标准对设计方法进行分类的结果之间不可能有一一对应的关系。也就是说，不能单一地说灵感就是创意性设计方法，或者说逻辑不是创意性设计方法。

那么，究竟什么是创意性设计方法呢？创意性设计方法从逻辑上讲是设计主体运用已有的形式组合成为新形式的活动。它是反映事物本质属性和内在、外在有机联系且具有新颖性广义模式的一种可以物化的心理活动。这是人类智慧集中表现的设计方法活动，可以在一切领域开创新的局面，以不断地满足人类精神与物质的需求。例如，TINIKO公司设计的NONNOS智能胰岛素手表，解决了目前糖尿病患者用针头注射胰岛素的问题，因为用针头注射胰岛素会引起患者疼痛、感染、心理不适等反应。NONNOS智能胰岛素手表不是用针头注射的，而是让胰岛素被患者手腕的皮肤吸收，当红外灯将热量施加到多孔镍钛诺(TiNi)形状记忆合金上时，胰岛素在接触皮肤时通过毛细管被皮肤组织吸收，完成注射胰岛素，这简化了注射的过程。NONNOS智能胰岛素手表同时可以自动检测患者的状况和血糖水平，最大限度地减少了自我注射出错的可能性，如图3-2所示。

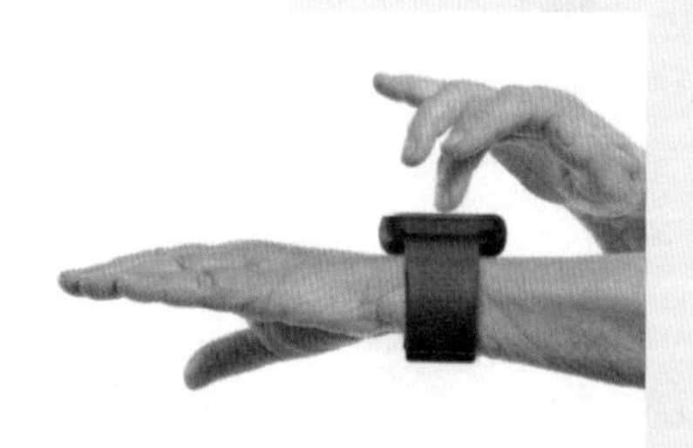

图3-2　NONNOS智能胰岛素手表

从生理学的角度来看，创意性设计是在人的大脑中进行的一种非常复杂的生理现象。一般认为，创意性设计活动是大脑皮层在原有刺激物的作用下留下的痕迹，也是暂时神经联系回路的重新筛选、组合、搭配接通，从而形成新的回路联系的过程。旧的联系、回路的简单恢复并不能组合出新的思维观念和信息，而产生新的信息必须有过去从未有过的新神经回路的组合，也就是说，在人的创意性设计方法中，各种神经元以过去没有联系过的全新方式组合起来。这是从生理方面说明创意性设计方法的全新性。

创意性设计方法作为一种特殊的思维活动，有以下特点。

1. 独立性

创意性设计方法的独立性，一般表现为它不受外界因素的干扰，不受已有知识、经验的限制，不依附和屈从于任何一种旧有的或权威的思路和方法。

创意性设计方法的独立性又体现在其怀疑性、抗压性和自变性。所谓怀疑性，指的是创意性设计方法对于一些“司空见惯”“理所当然”的事情敢于质疑。有人分析，小孩子之所以有时有较强的创意性，主要在于他们敢问问题。小孩子什么都想问、什么都要问、什么都敢问，这恰恰是许多成年人所不及的。所谓抗压性，主要体现在创意性设计方法力破陈规、锐意进取、勇于向旧的习惯势力挑战。创意性设计方法的结果一般都是以“反常性”面貌出现的，开始时很难得到普通的赞同和支持，因而常会受到外界的干涉和压力，这就形成了它的抗压性。而创意性设计方法的自变性，主要表现在它在一定时候会自我否定，也不受自己所设框架的限制，常常会突破自我，并不断产生新的思想，衍生出新的定义。例如，图3-3是由韩国设计师

Kyuho Song设计的颜色音乐播放器，它不是按流派、专辑等播放音乐，而是通过内置的摄像头捕捉颜色选择音乐。根据听众潜意识选择的颜色，然后播放相应的歌曲，以此来迎合听众的心情。

图3-3　颜色音乐播放器

2. 全新性

创意性设计方法指导着人脑对事物的印象进行主观改造的过程。全新性是对这个改造制作成果的要求，即创意性设计方法得出的成果应是具有前瞻性的、前所未有的，而不是在人类以往的认知内已有的。全新性有个体与整体的区别。创意性设计方法成果的全新性要求决定创意性设计方法的价值。图3-4为无人驾驶汽车，这是集合多种技术的全新驾驶模式。

图3-4　无人驾驶汽车

3. 求异性

求异性是指“与别人看到同样的东西却能想象出不同的事情”。创意性设计方法可以使一个人对于同一问题形成尽可能多的、新的、独创的、前所未有和没有遗漏的设计、方法、方案、思路和可能性等。创意性设计方法的求异性是通过其思维的发散性、侧向性、逆向性等不同方向上的思维结果而体现出来的。例如，图3-5是Desnahemisfera设计公司设计的羊角咖啡杯，羊角形状有助于人们将杯子里的最后一滴咖啡喝光。由皮革制作的杯套是防水的，取下之后还可以做杯子的底座，让杯子安稳地放于任何桌面上。它还配备一长一短两根带子，可将咖啡杯悬挂在背包或肩膀上。

图3-5　羊角咖啡杯

图3-6是法国一家建筑设计公司A/LTA architects设计的树形篮球架，一个树形的篮球桩上安装有五个高低不同的篮板，可以满足各个年龄层及不同身高的人打篮球的需要。当然，灌篮也就轻而易举了。

图3-6　树形篮球架

4. 想象性

没有想象就不会有创造，正因为人类拥有无限的想象力，才会有无限的创造力。想象是其他思维形式，尤其是逻辑思维所不允许的，但创意性设计方法却离不开想象。美国著名的工业设计师阿瑟•普洛斯指出：“产品设计是满足人类物质需求和心理欲望的富于想象力的开发活动。”确实，没有想象力、没有创造力和解决具体问题能力的创意性设计方法，就没有超越常规的设计能力。图3-7是由PENSA工作室设计的提供USB充电的路灯Street Charge，是让大家能随时在街上帮手机充电的贴心设计，这个路灯采用太阳能当作发电的能量，在灯柱上嵌入一套USB充电平台，还提供一张小桌板，让来往的路人不仅可以补充手机所需的电量，也能在此休息一下再出发。

图3-7　提供USB充电的路灯

5. 灵感性

有人把灵感的产生视为狭义的创造，可见灵感在创造中的特殊作用。处于灵感中的创意性设计方法展现出人们注意力的高度集中、想象力的骤然活跃、思维的特别敏锐和情绪的异常激昂。图3-8是由美国设计师凯瑞姆•瑞席设计的“神秘的椅子”，用软性线型材料打造的椅子外观造型，给人以悬空的漂浮感和不稳定性的视觉差，从而打破椅子必须由四条腿支撑的传统观念。

图3-9是设计师Chang Han-Jou等人创意制作的一款孕妇用的马桶垫圈Corolla，两边有高高的扶手，方便使用者站起和坐下。同时也相当于围栏，能提升坐在上面如厕的安全系数。另外，脚底还提供了配套的垫脚，以方便使用者放置双脚，能短暂地休息。

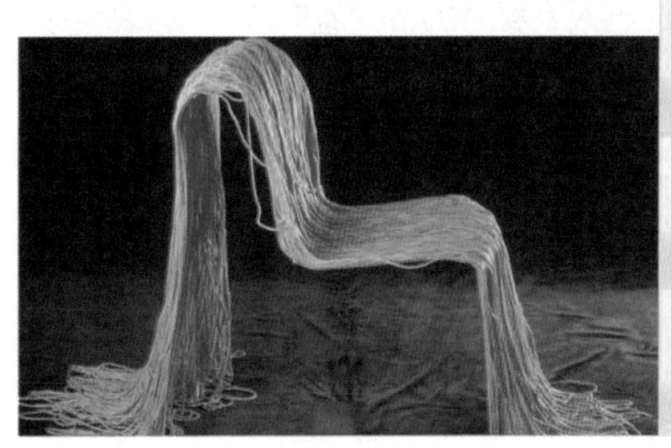

图3-8　神秘的椅子

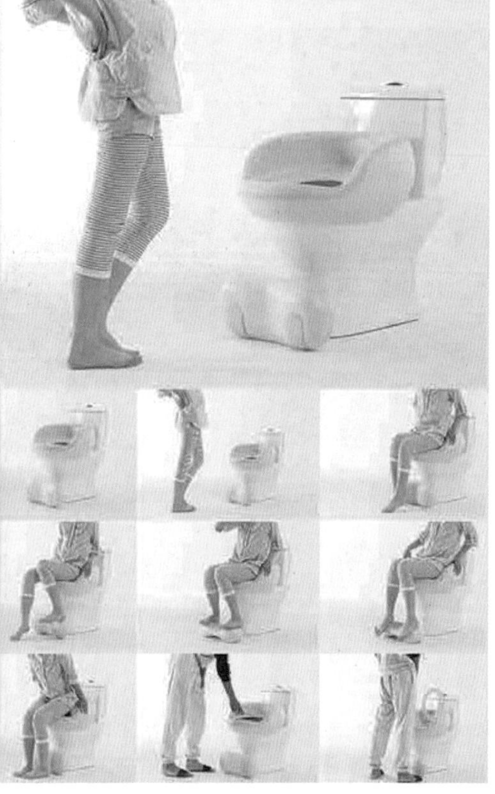

图3-9　孕妇用马桶垫圈

6. 潜在性

创意性设计方法的潜在性往往表现为人们非自觉的、好像是未进入认识领域的一种方法。潜在的创意性设计方法在解决许多复杂问题时往往有重要的作用，且常常会在精神松弛时表现出来。图3-10是设计师迈克•麦设计的能变成凳子的书Bookniture，这是书本和家具的结合设计，既便携、易运输，又不失家具的功能，而且非常牢靠。它可以是让人一手就能携带的“书籍”，简单翻转后，可根据用户所需变换成各种功能性的家具，如凳子、茶几、床头柜等，完全可由用户自由地掌握。Bookniture使用牛皮纸材质，采用蜂窝结构体，强度高，且拥有不错的防潮性，最大可承受170kg。

图3-10　能变成凳子的书Bookniture

对于有视觉障碍的人来说，倒水的时候除了依靠听觉，是否还有其他更直接的办法帮助他们准确把握水位呢？韩国设计师Jongil Kim为盲人设计的防溢出杯子，就完美地解决了这一问题。这款水杯设有一个漂浮杠杆，当杯内水位达到一定程度时，杠杆的杯外部分会触及握住把手的大拇指，从而让人获知杯内的水已经足够了，如图3-11所示。

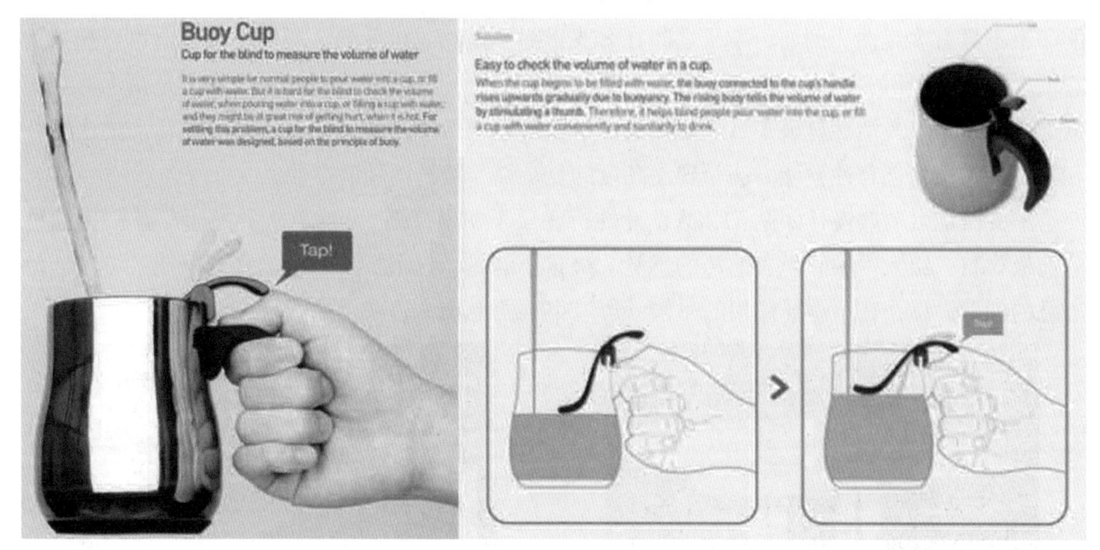

图3-11　防溢出杯子

7. 敏锐性

创意性设计方法特别留心意外的现象和反常的现象，这就是敏锐性。敏锐性使人们能够透过纷繁复杂的表象抓住问题的本质，能够及时、准确地抓住机遇，促使创造成功。例如，人们在超市购买蔬菜和水果时，通常是将它们装入塑料袋，再排队去称重打印价格标签。而由韩国设计师Youngsub Song等设计的超市自动称重托盘MINUS Scale，当人们拿起托盘中的任意物品后，减少的重量便是此商品的重量，确认后即可打出小票，从而节省时间，如图3-12和图3-13所示。

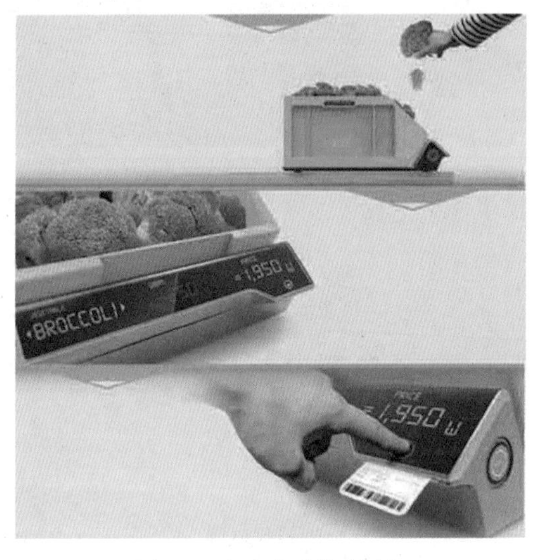

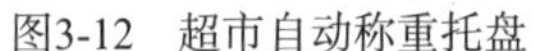
图3-12 超市自动称重托盘

图3-13 超市自动称重托盘展示

8. 灵活性

灵活性是对主体进行创意性设计的要求之一。在创意性设计过程中，虽然不能脱离人脑这一物质载体，但创意性设计可以达到一种没有任何制约的境界，这是因为在大脑中对客观事物的印象不具有客观性。例如，质子之间在客观世界中是相互排斥的，人们在大脑中可以想象为它们之间相互吸引。因此，创造者可以对事物的印象不加限制地进行想象，甚至是毫无客观根据地进行组合。灵活性打破了形式逻辑的同一律对思维活动的限制，反映了思维活动的多样性和易变性，也使创意性设计方法呈现出高度的复杂性、随机性和潜在性。

图3-14是由瑞典设计团队AKKA设计的折叠桌子OLA Table，这款折叠桌子整体采用白色的面板材料，给人一种时尚、简洁的感觉。最重要的是，这个折叠桌子的桌腿采用了可以活动折叠的创意设计，在不需要使用的时候，可以很方便地收纳起来，如图3-15所示。

图3-14 折叠桌子

图3-15 收纳折叠桌子

9. 可行性

由于创意性设计方法在形成过程中具有灵活性，在创造活动中随意组合的思维成果并不都具有认识和实用价值，所以这里的可行性是对灵活性的限制。可行性对灵活性的限制条件来源于进行思维创造的人所处的社会历史条件，即环境。现代科学幻想小说中描述的各种事物，一般在现阶段要实现是不可行的，没有实用的意义，但作为一种艺术形式存在于书本之中，反映在人们大脑里又是可行的，有一定的认识意义，这也说明可行性是相对的。可行性分为两种：一种是精神方面的可行性，称为主观可行性；另一种是物质方面的可行性，称为客观可行性。例如，文学艺术创造一般遵循主观可行性，而科学技术创造一般遵循客观可行性。可行性对创意性设计方法的要求需要根据各个不同学科、社会领域的具体要求来判断，满足可行性是创造实现其价值的关键。

图3-16是获得红点设计奖的Minta Touch水龙头，它是由德国高仪集团设计的。当我们在厨房中忙碌时，两手可能会脏脏的，此时恨不得多出一只手来帮忙打开水龙头，高仪的这款水龙头设计就是为了解决这一问题，它有两种打开方式：一种是传统开关；一种是用手、手腕或胳膊触碰水龙头打开，这样就不用担心水龙头被手上的污秽弄脏。此外，它还有防烫伤功能。

图3-16　水龙头

带刀的黄油盒BUTTER!BETTER!是由韩国设计师Yeongkeun Jeong设计的包装，将黄油盒的密封盖做成一把刀的模样，如图3-17所示。这种一次性的包装设计，使用户即便无法安坐在桌前享用早餐，也可以在匆忙的路程中由它来完成。刀尖部分可以完全地接触到每个角落的黄油并进行搅动，省去了必须要使用其他餐具辅助来涂抹黄油的麻烦。

在日常生活中，当人们有一段时间不使用杯子时，空气中的一些灰尘就会从杯口掉落到杯子里，为了防止灰尘掉入，有时会将杯子倒放，但杯口与其他物体接触也很不卫生。为此，设计师高凤麟和周步谊设计了这个40°倾斜杯，巧妙地利用杯子手柄设计，解决了刷洗杯子后沥水的日常烦恼，轻松地解决了卫生与使用的难题。当杯子斜放在桌子上，在实现功能的同时，其倾斜的造型犹如动态中保持平衡的舞者，更兼具美感，如图3-18所示。该设计获得了2012德国红点概念奖。

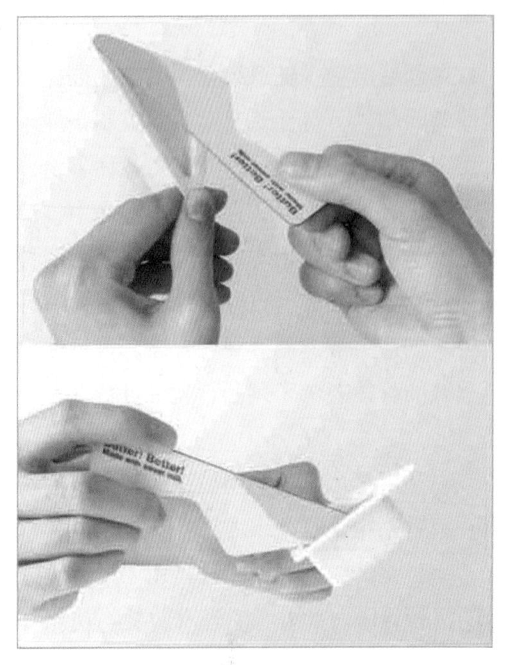

图3-17　黄油盒

图3-18　倾斜杯

可行性和灵活性是对创意性设计方法两种不同的要求。创意性设计方法的灵活性增强，可行性可能降低；可行性增强，则灵活性可能降低。不能因为强调灵活性和全新性而忽视可行性，那样会陷入无意义的思维组合之中；也不能因为可行性而抹杀灵活性和全新性，那就不再会有发明和创造了。强调灵活性，就是要说明在创意性设计方法中，人们的思维尽量不要受惯性思维的影响，而要充分发挥人的主观能动性，因为人脑才是真正意志自由的王国。当然，这不是要人们在实践中不遵循客观规律，而是说在遵循高层次的客观规律的基础上，改变低层次的重复思维的习惯模式。

3.1.2　创意性设计方法的本质

万物皆成系统，人的创意性设计方法也同样是一个复杂的系统工程。不能简单地将创意性设计方法等同于纯粹的形象思维、逻辑思维、灵感思维等思维形式。其实，现实中的思维不是纯粹的某种思维，而必然是“你中有我、我中有你”的。通常所说的形象思维、逻辑思维等只是为了理论研究方便而抽取出来的。创意性设计方法可以说是最高级的思维方式，是一种综合性思维，其重要的一点在于它不是也不可能是依靠某一种或两种思维形式合作的结果，而恰恰是融合各种思维形式于一体，是各种思维形式综合作用的结晶。

创新是一种复杂的心理活动。心理活动是人脑的机能，是对客观现实的反映。现代心理学的研究成果表明，人的心理活动是多层次、多形式、多功能的，而心理和思维又是密不可分的。高级的心理活动，如兴趣、情绪、意志、性格和意识等各种心理因素，都不同程度地伴随着思维过程的始终。

创意性设计方法是指在最佳的心理构成和心理合力作用下，首先获得强烈、明快、和谐的创新意识，进而使大脑中已有的感性和理性知识信息，按最优化的科学思路，并灵活地借助联想和想象、直觉和灵感等因素，以渐进式和突变式两种飞跃方式进行重新组合、匹配和深化，最后实现科学创造的成功。由法国设计师Gwenole Gasnier设计的可倾斜的洗手盆，盆底部被“削”去一角，通过绕轴摆动，使它可以从两个角度使用：平放使用和倾斜使用，以满足一个站立和坐着的成人或儿童的需求，如图3-19和图3-20所示。

图3-19　可倾斜的洗手盆

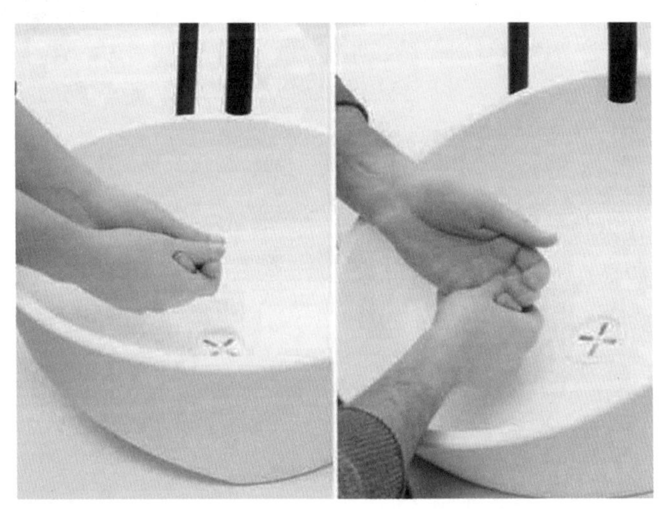

图3-20　可倾斜的洗手盆局部

创意性设计方法的目的在于改造外部世界，它与一般意义上的思维和思维过程有所区别，是以思维成果是否具有社会新颖性、独创性、突破性、真理性和价值性为其检验标准。也就是说，创意性设计方法的产生与思维的社会环境密切相关。

综上所述，创意性设计作为人脑机能的产物，既是自然长期演化的结果，又是集体智慧的结晶，创意性设计过程是一个系统工程，是思维心理、思维形式和思维环境系统综合的结果。

3.1.3　创意性设计方法的规律

从大量的科学、艺术、政治、经济、宗教、神话等方面的例子中发现，无论是科学的创造还是艺术的创造，从根本上说是一致的，都遵循创意性设计方法的规律，可以说思维组合率，简称组合率。

为什么说创意性设计方法规律是组合率呢？这不仅是从各种创意性设计方法的实例中总

结出来的，而且与进行创意性设计方法的主体人脑有紧密的联系。美国心理学教授斯佩里和尚格提出的大脑神经回路曾经说明这一点。他们认为大脑神经元组成的神经回路是思维产生的生理基础。大脑中有1000亿个神经元，每个神经元又与3万个神经元互相联系，大脑中有1010亿个结点，能形成极大数量的神经回路，每个回路可能与某一思维内容相对应，因此，人脑的思维容量极大。他们认为各种思维方式也可能与神经回路的构成方式有关，有的回路通过学习固定下来可以产生重复思维，而且在思维进一步发展下，大脑中将产生新的回路，新回路产生后表现出来的可能是创意性设计方法，这种新回路的构建就是思维组合率的生理基础。于是可以将大脑看作一种特殊的信息处理机，这种特殊在于人脑可以加工储存的信息，并组合成新的信息。妮科尔•潘努佐为高露洁设计了一款折纸牙膏筒，力图使牙膏筒里牙膏的利用率更高。它的外形是螺旋形柱状，可以像手风琴一样收缩，而平底设计可以在挤压变薄的同时依然保持平衡。将其压平后，里面残留的牙膏都能挤出来了，减少了浪费，如图3-21所示。

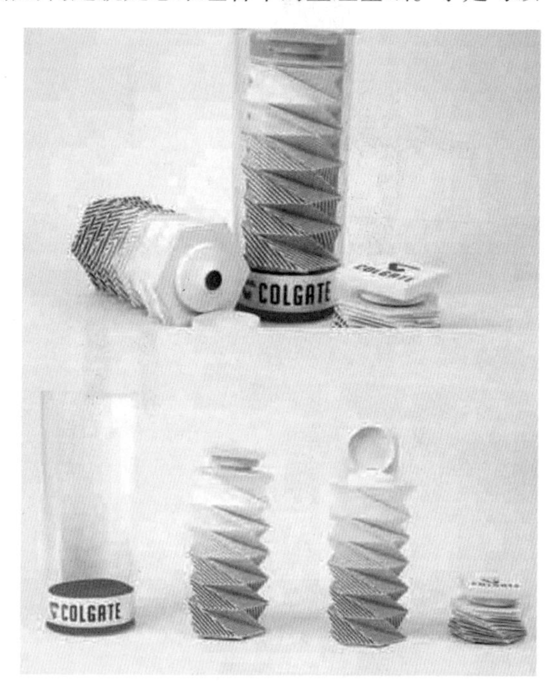

图3-21　折纸牙膏筒

系统是相互联系的诸多元素的集合体。一个创造成果不是相互分离的个别元素的简单堆砌，而是一个有机联系的系统。创意性设计方法就是构建储存在人脑中的各种元素(信息)之间的整体性联系，当然不是旧的联系，而是新的联系；不是重复的联系，而是创新的联系。

3.2　创意性设计法则

人类综合各方面的信息，经过准备与提出问题阶段、酝酿与多方假设阶段、顿悟与迅速突破阶段、完善与充分论证阶段，产生有社会价值的、前所未有的新思想、新理论、新设计、新产品的活动，即为创造。创造有其基本规律和法则，大致有以下几条创造法则。

3.2.1　综合法则

综合法则是指在分析各个构成要素的基础上加以综合，使综合后的整体作用导致创造性的新成果。这种综合法则在设计、创新中广为应用。它可以是新技术与传统技术的综合，可以是自然科学与社会科学的综合，也可以是多学科成果的综合。例如，计算机综合了数学、计算技术、机电、大规模集成电路技术等方面的成果。人机工程学是技术科学、心理学、生理学、社会学、卫生学、解剖学、信息论、医学、环境保护学、管理科学、色彩学、生物物理学、劳动科学等学科的综合。美国的“阿波罗”登月计划是大型的各种创造发明、科学技术的综合，该计划准备了10年，动员了全美国1/3的科学家参加，2万多个工厂承做了700多万零件，耗资达240亿美元。

3.2.2　还原法则

人的头脑并无多少优劣之分，起决定作用的是抓取要点的能力和丢弃无关大局的事物的胆识。还原法则即抓事物的本质，回到根本，抓住关键，将主要的功能抽出来，集中研究其实现的手段与方法，以得到具有创造性的最佳成果。还原法则又称为抽象法则。

洗衣机的创造成功，是还原法则成功应用的例子，其本质是“洗”，即还原。而衣物脏的原因是灰尘、油污、汗渍等的吸附与渗透。所以，洗净的关键是“分离”。这样可广泛地考虑各种各样的分离方法，如机械法、物理法、化学法等。根据不同的分离方法，发明了不同的洗衣机。我们不妨设想一下，为什么汽车一定是四个轮子加一个车身呢？为什么火车一定是车头拉着车厢在铁轨上滚动呢？因为交通运输工具的本质，应该是将人、货从一处运到另一处。同样是火车，可以是蒸汽机车、内燃机车、电力机车或是磁悬浮列车。还原到了事物的创造起点，相信会有与现今不同形式的交通运输工具被设计创造出来。

3.2.3　对应法则

俗话说“举一反三，触类旁通”。在设计创造中，相似原则、仿形仿生设计、模拟比较、类比联想等对应法则应用广泛。机械手是人手取物的模拟；木梳是人手梳头的仿形；夜视装置即猫头鹰眼的仿生设计；用两栖动物类比因而得到了水陆两用工具……这些事例均属对应法则。

3.2.4　移植法则

移植法则是将一个研究对象的概念、原理、方法等运用于另一个研究对象中，并取得“他山之石，可以攻玉”的效果。应用移植法则，打破了“隔行如隔山”的有效法则，可促进事物间的渗透、交叉、综合。

日本开始生产聚丙烯材料时，聚丙烯薄膜袋销路不畅。一名推销员在神田一家酒店休息时，女店主送上一块毛巾让他擦汗，因是用过的毛巾，其气味令他厌恶。他突然想：如果每块洗净的湿毛巾都用聚丙烯袋装好，一是毛巾不会干掉，二是用过与否一目了然。后来他申请了小发明，仅花费1 500日元，获利高达7 000万日元。

很多年前，上海市约有104万只煤饼炉供居民取暖和做饭。一些居民为晚上如何封炉子而烦恼：如果封得太紧，白天起来火已灭掉；如果封得稍松，早上煤饼已烧光。一位中学生将双金属片技术移植到炉封上，发明了节能自控炉封，使封口间隙随炉内温度而自动调节，既保证了封炉效果，也大大节省了煤饼。

移植的方法也可有所不同：可以是沿着不同物质层次的“纵向移植”；可以是在同一物质层次内不同形态间的“横向移植”；也可以是多种物质层次的概念、原理、方法综合引入同一创新领域中的“综合移植”等。

3.2.5 离散法则

综合法则可以创新，而其矛盾的对立面是离散，也可创造。这一法则是冲破原先事物面貌的限制，将研究对象予以分离，创造出新概念、新产品。例如，隐形眼镜是眼镜架与镜片离散后的新产品；音箱是扬声器与收录机整体的离散；活字印刷术是原来整体刻板的分离。为了节约木材，将火柴头与火柴梗分离，在火柴头内添加铸铁粉，用磁铁吸住一擦就燃，应用了离散法则，即发明了磁性火柴。

3.2.6 强化法则

强化法则又称聚焦原理。例如，利用激光装置及专用字体创造成的缩微技术，使列宁图书馆20km长的书架上的图书，压缩收纳在10个卡片盒内；对松花蛋进行强化实验，加入菊花、山楂及锌、铜、铁、碘、硒等微量元素，制成了食疗降压保健皮蛋；两次净化矿化饮水器采用了先进的超滤法，含有5种天然矿化物层，大大增强了净化矿化效果，还能自动分离、排放细菌及污染物；在几分钟内，仅用一滴血就可做10多项血液化验的仪器，浓缩药丸、超浓缩洗衣粉、增强塑料、钢化玻璃，采用金属表面喷涂或渗碳技术以提高金属表面强度等，均是强化法则的应用。

3.2.7 换元法则

换元法则即替换、代替的法则。在数学中常用此法则，如直角坐标与极坐标的互换及还原、换元积分法等。例如，C.达维道夫用树脂代替水泥，发明了耐酸、耐碱的聚合物混凝土；亚•贝尔用电流强度大小的变化代替、模拟声波的变化，实现了用电传送语言的设想，发明了电话；高能粒子运动轨迹的测量仪器——液态气泡室的发明，是美国核物理学家格拉肖在喝啤酒时产生的创造性构想。他不小心将鸡骨掉进了啤酒中，随着鸡骨的沉落，周围不断冒出啤酒的气泡，因而显示了鸡骨的运动轨迹。他用液态氢介质“置换”啤酒，用高能粒子“置换”鸡骨，建造了让带电高能粒子穿过液态氢介质时同样出现气泡，从而能清晰地呈现粒子飞行轨迹的液态气泡室，因此获得1979年诺贝尔物理学奖。

3.2.8 组合法则

组合法则又称系统法则、排列法则，是将两种或两种以上的学说、技术、产品的一部分或全部进行适当结合，形成新原理、新技术、新产品的创造法则。这可以是自然组合，也可以是人工组合。

同为碳原子，通过不同形式、不同处理工艺，便可合成性能、用途完全不同的物质，如坚硬而昂贵的金刚石、脆弱的良导体石墨；计算器使用太阳能电池，装上日历、钟表，组合得到新产品；不同金属与金属或非金属可组合成性能良好的各种复合材料；运用现代科技的航天飞机，是火箭与飞机的组合；20世纪80年代上海建筑艺术“十大明星”的龙柏饭店，因它在虹桥机场附近，故建筑高度受限制。设计师在六层客房前用三层层高布置两层高的贵宾用房，使贵宾用房的室内空间更为舒适。贵宾休息室又设计为上面向内倾斜、呈1/4圆的台体，再加上波形瓦饰面的陡直屋面。这种高低组合、曲直几何组合的创新设计，使饭店具有新时代的特征又不失民族特色。

组合创造是无穷的，但方法不外乎主体添加法、异类组合法、同物组合法及重组法四种，分别如下。

(1) 主体添加法就是在原有思想、原理、产品结构、功能等中补充新的内容。

(2) 两种或两种以上不同领域的思想、原理、技术的组合，为异类组合法，这种方法创造性较强，有较大的整体变化。

(3) 同物组合法在保持事物原有功能、意义的前提下，补足功能、意义，产生新的事物。

(4) 将研究对象在不同层次上分解，以新的意图重新组合，称为重组法，这能更有效地挖掘和发挥现有科学技术的潜力。

3.2.9　逆反法则

一般来说，如果仅仅按照人们习惯使用的顺理成章的思维方式，是很难有所创造的。因为就创造的本质而言，本身就是对已有事物的“出格”。应用逆反法则，即打破习惯的思维方式，对已有的理论、科学技术、产品设计等持怀疑态度，“反其道而行之”，往往会得到极妙的设计和发明。例如，花园、环境绿化，一般是在地面上，但应用逆反法则，现在下沉式、空中式、内庭式、立体绿化等比比皆是，由此创造了一种美好的生活空间；如果只想到“水往低处流”，就不会发现虹吸原理；别人都在提炼纯锗，而日本的江崎于奈和宫原百合子却在锗中添加杂质，生成优异的电晶体，并分别荣获诺贝尔奖和民间诺贝尔奖。

人倒退走路，使脊柱相反受力而治疗腰肌劳损等疾病，是逆反法则在医疗技术上的应用；美国科学家发明了一种用于眼球的长效眼药，可按控制的速度均匀地释放药效长达400h，以治疗青光眼等眼疾，一改以往的供药方式。

在服装设计中，过去袖子、领子、口袋总是左右对称。如果要绣花、挑花，也是以对称为主。而现在，袖子颜色不同、口袋左右不同、领子两面不一的服饰更显时尚。面料也一反常态，用水洗、砂洗起皱，用石子磨旧，别具风格。

苏格兰一家图书馆要搬迁，图书馆发出取消借书数量限制的通告，使短期内大量图书外借，读者将书还到新址，这样完成了大部分图书的搬运任务，同时节约了费用。这也是逆反法则、离散法则的实际应用。

3.2.10　群体法则

科学的发展，使创造发明越来越需要发挥群体智慧，集思广益，取长补短。现代设计法摆脱了过去狭隘的专业范围，需要大量的信息，需要多学科的交叉渗透。工业设计也逐步从艺术家个体劳动的圈子中解放出来，成为发挥“集体大脑”作用的系统性的协同设计。所以，群体法则在设计、创造中越来越显示其重要性。

据美国著名学者朱克曼统计，1901年到1972年共有286位科学家荣获诺贝尔奖。其中185人是与别人合作研究成功的，占人数的2/3。随着时间的推移，发挥群体作用的比例明显增加。在诺贝尔奖设立后第一个25年中，合作研究而获奖者占41%，第二个25年中占65%，第三个25年中则上升为79%。控制论的创立者维纳，常用“午餐会”的形式，从每个人海阔天空的交谈、分享中捕捉思想的新闪光点，激发自己的创造性。美国纽约布朗克斯理科中学仅在1950年级中，就出了8位蜚名世界的物理学博士，其中格拉肖、温伯格于1979年共获诺贝尔物理奖。这就是一种“共振”“受激”的群体效应。

3.3 创意性设计方法类型

想要成为优秀的创新者，想要有所创新成就，需具备较强的创新能力。掌握前人经验总结出来而又为实践证明是行之有效的创新技法，也是一种省时、省力、提高效率的手段和途径。创造技法各国称谓略有不同。例如，美国称为“创造工程”，日本称为“创造工学”或“发想法”，德国则称为“主意发现法”……不管怎样，都是进行创造发明的技巧与方法。目前，世界各国总结出的方法达300余种，有的是按照各国人不同的思维方式与国情特点进行的总结。下面就几种常用的方法进行简单介绍。

3.3.1 头脑风暴法

头脑风暴法是美国创造学家A. F. 奥斯本于1939年提出的最早的创造技法，又称为智力激励法、激智法、奥斯本智暴法等，是一种激发群体智慧的方法。一般是通过一种特殊的小型会议，使与会人员围绕某一课题相互启发、激励、取长补短，引起创造性设想的连锁反应，以产生众多的创造性成果。与会人员一般不超过10人，会议时间大致在1小时。会议目标要明确，事先有所准备。会议的原则如下。

(1) 鼓励自由思考，设想各种方案。

(2) 不许批评其他与会者所提出的设想。

(3) 与会者一律平等，不提倡少数服从多数。

(4) 有的放矢，不空泛地谈。

(5) 力求将各种设想补充、组合、改进，从数量中求质量。

(6) 及时记录、归纳总结各种设想，不过早定论。

(7) 推迟评价，将见解整理分类，编出一览表，再召开会议，挑出有价值的见解并审查其可行性。

这种方法可获得数量众多的有价值的设想，有广泛的使用范围，特别适合于讨论比较专业的创造课题。

据国外资料统计，头脑风暴法产生的创新数目，比同样人数的个人各自单独构思要多，其对比关系如图3-22所示。

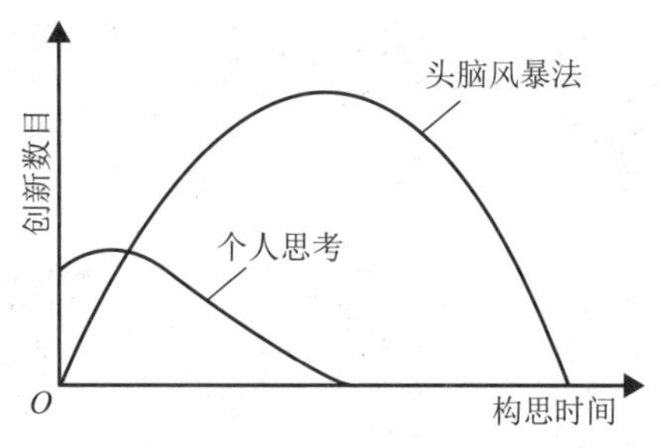

图3-22　头脑风暴法创新数量对比关系图

2005年11月，北京奥组委举办了一场关于奥运火炬设计的特别会议。87位朝气蓬勃的与会者被分成几组，集思广益，采用头脑风暴法，将自己理想的火炬造型画在图纸上，包括如意、长城、灯笼、糖葫芦、风筝、竹子、纸卷、龙、火云等基于各种元素的造型，经过几个小时的讨论和呈现，承载中国五千年文明的纸张和传承中华文化的“卷轴”，成为众人瞩目的焦点，该形态后来成为北京奥运火炬的雏形。

头脑风暴法已有多种“变形”的技法，可以是与会人员在数张逐人传递的卡片上反复地轮流填写自己的设想，这称为克里斯多夫智暴法或卡片法。德国人鲁尔巴赫的“635法”，是指6个人聚在一起，针对问题每人写出3个设想，每5min交换一次，互相启发，容易产生新的设想。还有反头脑风暴法，即吹毛求疵法，与会者专门对他人已提出的设想进行挑剔、责难，以达到不断完善创造设想的目的。当然，这种“吹毛求疵”仅是针对问题的批评，而不是针对与会的“人”。例如，我们在相关的设计与方法课程中，是以小组的形式进行的，头脑风暴法让学生的思路更加开阔。下面用一组做消防器材设计的案例说明，如图3-23所示。

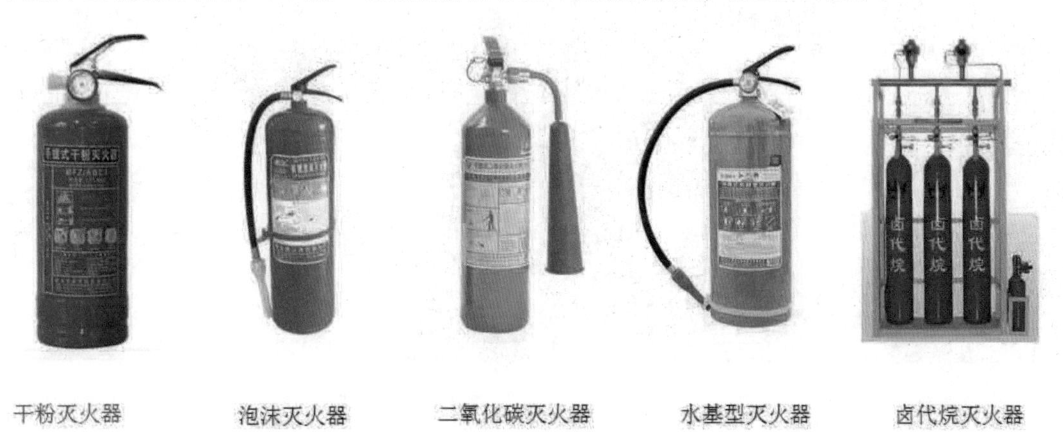

图3-23　不同种类的灭火器

在创意设计课程中，这一组同学选择关于灭火器的创新设计，前期通过采集150份的调查样本，找到设计痛点，了解灭火器储存的安全意识、灭火时的习惯行为、对于消防设施的看法，分析灭火器外观再设计的意义、放置的位置(图3-24)，从而推断人们更关注哪种方式的灭火等问题，由此开始小组头脑风暴法，如图3-25所示。

图3-24　灭火器放置的位置

图3-25　小组头脑风暴法现场

通过小组头脑风暴法后，大家的创意点会更加发散、有趣，内容更为丰富。同时我们可以将头脑风暴的创意想法归纳为设计方向图，如图3-26所示。

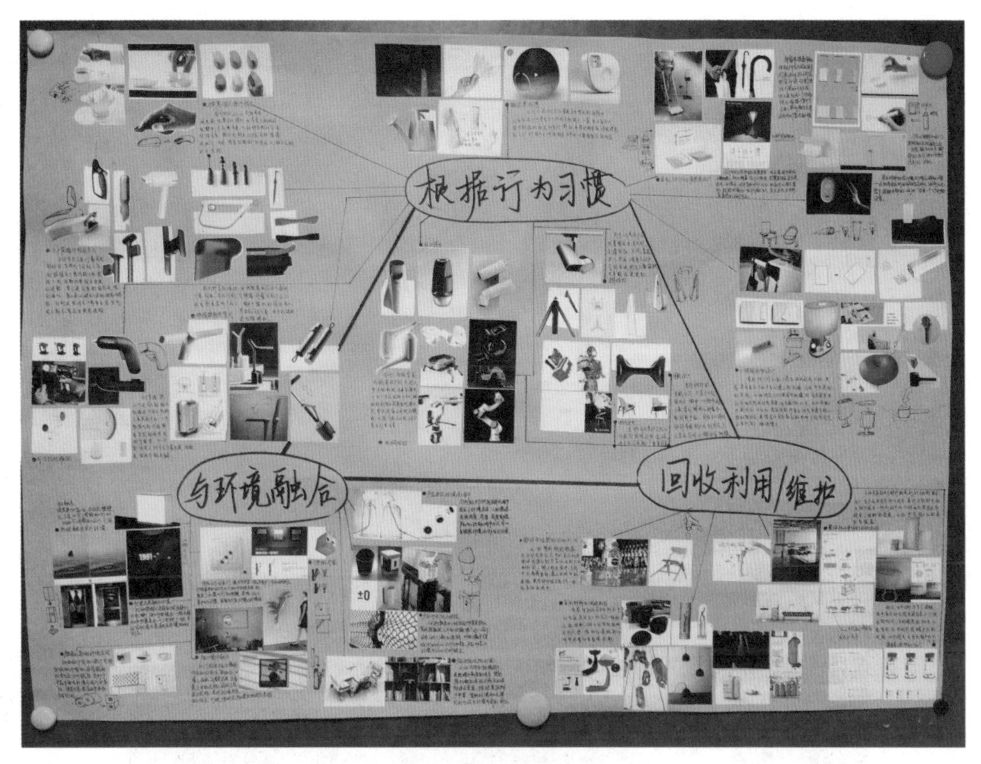

图3-26 创意想法整合图

课题小组成员最终呈现了打破常规消防器的多种形式的灭火器设计，分别如下。

方案一：将传统的灭火器与其储存箱结合在一起，省去了打开箱子再拿出灭火器的步骤。借鉴折纸的原理，直接将箱子折叠成灭火器的防火盾，同时折叠过程与灭火器的拿出动作一体完成，可为控制火情争取宝贵的时间。此外，在灭火器的形体上更符合人机工程学，让灭火的过程更加省力。在与环境的结合上，由于灭火器会长时间闲置，所以可以在箱体打开的状态下被作为警示牌使用，也因此大大提高了其利用率，如图3-27和图3-28所示。

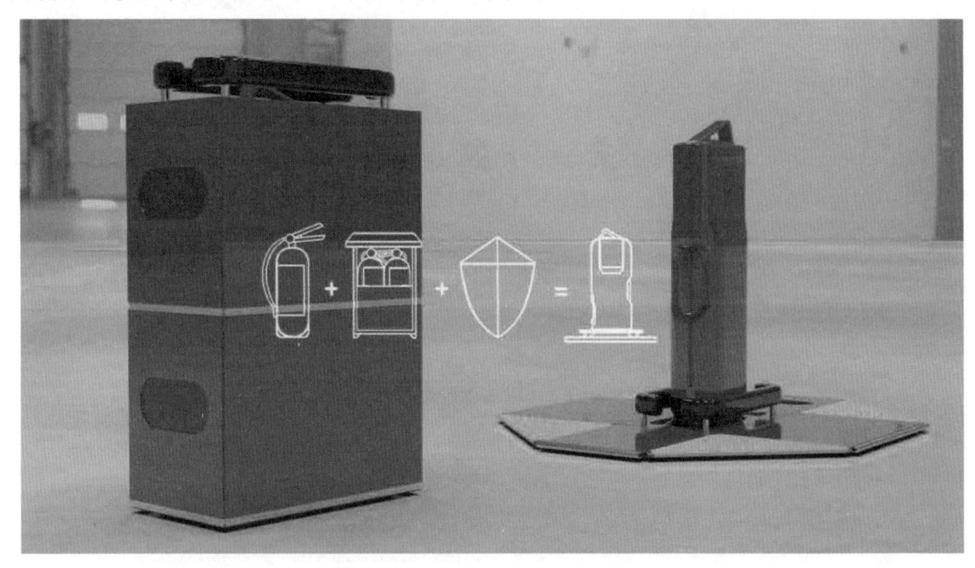

图3-27 方案一的灭火器效果图

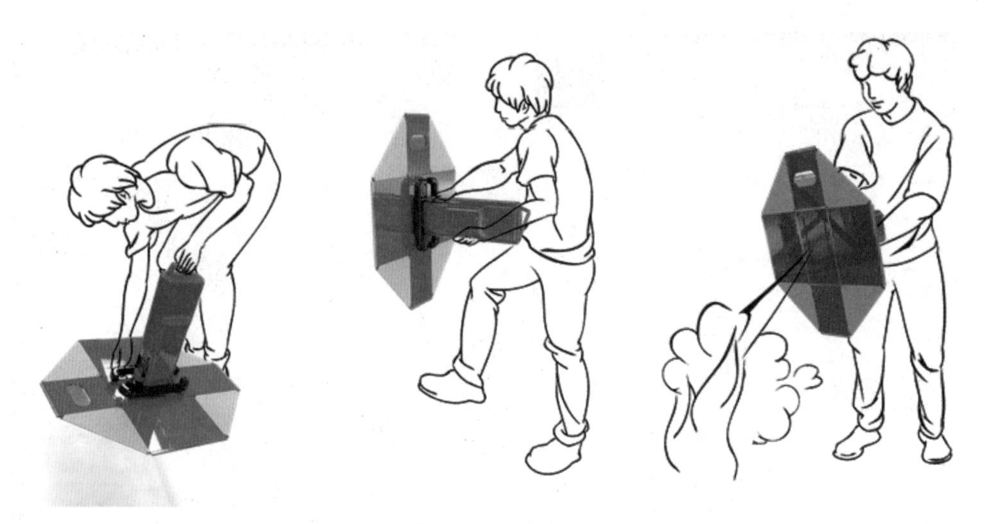

图3-28 方案一的灭火器使用过程图

方案二：考虑到在重大火场中，人员很难靠近火点，采用无人机灭火器的设计，如图3-29所示。

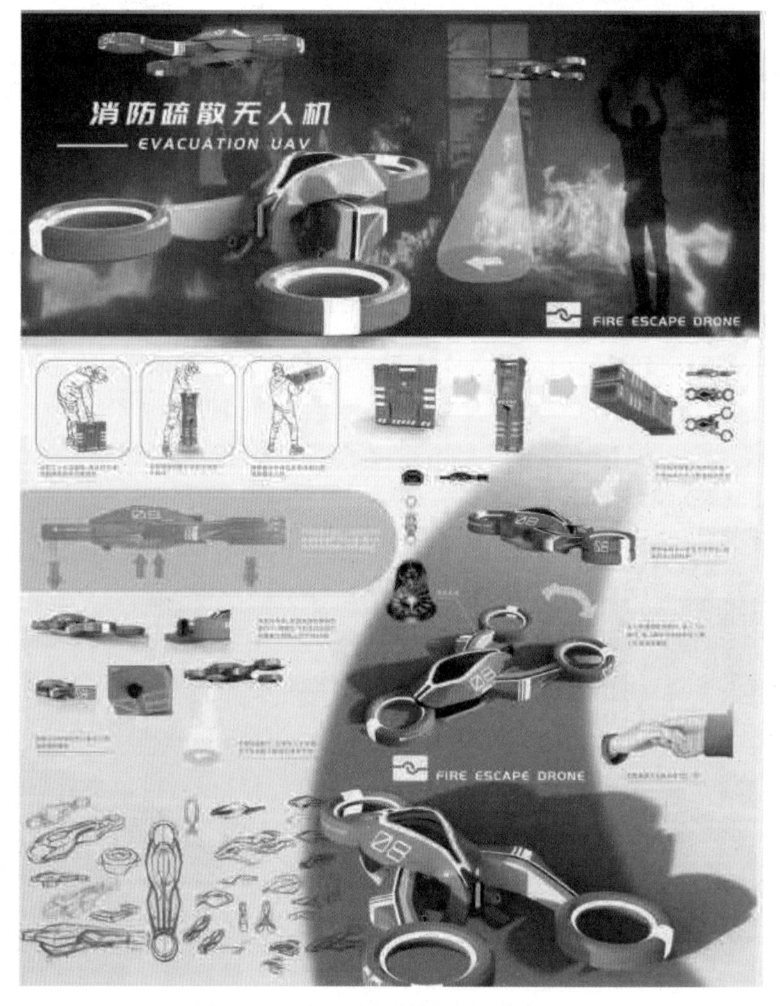

图3-29 无人机灭火器效果图及使用过程

方案三：将灭火器与行李箱的形态结合起来，方便使用者移动灭火器，为控制火情争取宝贵的时间。同时将拉杆与灭火器喷管相融合，在移动时是普通拉杆，灭火时按下按钮，变成喷嘴，让使用灭火器的方法更加简洁、容易，如图3-30所示。

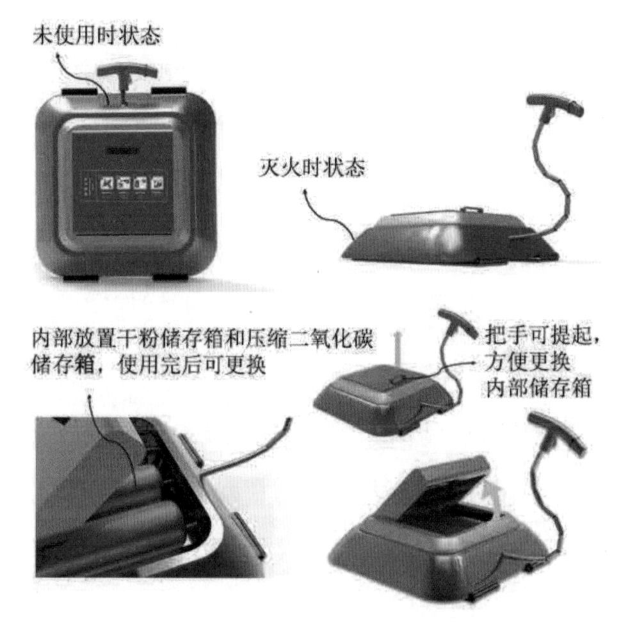

图3-30　方案三行李箱灭火器

3.3.2　提喻法

提喻法又称集思法或分合法，是威廉•戈登于1944年提出的，也可以说是头脑风暴法重要的变种技法。A.F.奥斯本的头脑风暴法中，是由“激智”小组里不同专家所进行的无关联类比保证思想的奇异性，而综摄法则使“激智”过程逐步系统化。在使用头脑风暴法开会时，明确又具体地摆出必须思考的课题，而综摄法在开始时，仅提出更为抽象的议题。其基本方法是：在一位主持人召集下，由数人至十数人构成一个集体，这些成员的专业范围应广泛，即最好是互补型人才。这个小组不是随便凑成的，要经历人才选择、综摄法训练、将人员结合到委托方的环境中这三个阶段。在活动进行中，课题十分抽象，有时仅为极简单的词汇。每个人自由地思考，凭想象、漫无边际地发言。主持人将各人的发言要点记到黑板上。当设想提到某种程度时，主持人才将所委托的课题明确宣示，看这些随意的想法能否成为解决委托课题的启示。

例如，所委托的课题是设计车站附近的自行车存车场。主持人一开始仅提出抽象的、极为简单的词汇“存放”。小组成员就“存放”想出许多意见：“放进竹筒里去”“流到池子里去”“存到银行里去”……然后主持人点出主题——开发停放自行车的场所。小组成员根据上面种种想法，围绕主题就可得出许多方案。例如，“放进竹筒里去”的想法，可启发为：①在车站附近建造塔式建筑存车场；②在月台下挖地洞存车；③在河底装大塑料管存车，等等。

下一步再进行检验、评价、细化，以得到创造方案。因此，该课题成员需要具备强大的抗压能力、优秀的心理素质、专业的设计思想，以及杰出的团队精神。除此之外，在课题开展之初，不能局限于邀请设计专业领域的专家，而是只有当需检验设想方案的可行性时，才引进几位有关领域的专家，起审核、验证、方案变成现实的技术咨询等作用。同时，一个好的召集人，能提出抽象议题，对课题有创造性设想，也是至关重要的。

3.3.3 类比法

世界上的事物千差万别，但并非杂乱无章，它们之间存在着程度不同的对应与类似。有的是本质的类似，有的是构造的类似，也有的仅是形态、表面的类似。从异中求同，从同中见异，用类比法即可得到创造性成果。

一般的太阳能灶，利用的是镜面反射聚焦而获得高温的原理。利用本质类比，我们用透明塑料袋装水，形成单面凸透镜状的“水镜”，就可做成简易的太阳能灶。同样，应用本质类比，人类发明了太阳能烘干设备。

从对人类本身的拟人类比，也会产生许多设计、创造。例如，设计各种机器人时，有的是人动作的类比，用于抓取物品、自动喷漆、自动焊接等场合，还可设计智能机器人，会下棋、做家务等；日本发明家田熊常吉，将人体血液循环系统中动脉和静脉的不同功能、心脏瓣膜阻止血液逆流的功能运用到锅炉的水和蒸汽的循环中，利用这种拟人类比，他发明了田熊式锅炉，使热效率提高了10%。

德国德律风根公司应用本质类比法，设计制造了太阳能床单式电池组，可折叠成小包，取用十分方便，用途广泛。快艇运动员能把它拉成风帆，旅游者可将其铺在地上，用于加热食品、给用电设备供电、给干电池充电，等等。

3.3.4 联想法

由一个事物的现象、词语、动作等，想到另一个事物的现象、词语、动作等，称为联想。利用联想思维进行创造的方法，即联想法。联想应是有明确目的的定向思维，用知识和经验决定联想的方向，使其转化为思维的动力才是目的所在。从一个事物联想到多个事物或从某件事情、某个问题中取得的成功经验借鉴到解决类似的其他问题上，要取得这样的能力，首先要善于发现不同事物之间类似的方面，这是必要的条件。“他山之石，可以攻玉”，只有广泛涉猎一切领域，才能提高成功的机会。依赖知识和经验，运用正确的联想方法，从其他不相关的领域获得启示，利用“局外”信息来发现问题、解决问题，这种思维方法是创新思维的特征。

大脑受到刺激后会自然地想起与这一刺激相类似的动作、经验或事物，叫作“相似联想”。例如，从火柴联想到发明打火机；从毛笔写字联想到指书、口书；从墨水不小心滴在纸上会产生不同形象，联想发明了“吹画”；从雨伞的开合，发明了能开合的饭罩。

大脑想起在时间或空间上与外来刺激接近的经验、事物或动作，称为“接近联想”。例如，奥地利医生奥斯布鲁格受叩桶估酒的启发，联想到发明叩诊诊断疾病；法国的蒙戈尔菲耶兄弟，从在厨房生火时上空的碎纸片会向上升起的现象受到启发，用纸袋做实验，发现纸袋内容纳了热空气，更易上升，所以将纸袋越做越大、越做越好，有了热气球的雏形。终于在1783年6月5日，在安诺奈广场上进行公开表演。用背面糊纸的布做成了热气球，直径达到33.5m，热气球升空飞了2.5km。9月19日，蒙戈尔菲耶兄弟又把一个巨大的、装饰得很漂亮的热气球送上天空，吊篮里还带了一只公鸡、一只鸭和一只羊，吸引了国王路易十六和王后玛丽•安托瓦妮特也来观看。11月21日，从穆埃特堡开始了世界上第一次载人热气球空中航行，驾驶员是德罗齐埃医生，乘客是达兰德斯侯爵。12月1日，查理与罗伯特开始首次乘氢气球航行，开创了现代乘气球旅行的历史。由此可见，世界上这一项伟大的设计发明，最初来自碎纸片遇热空气上升的联想。

大脑想起与外来刺激完全相反的经验、动作或事物，叫“对比联想”，也可说是逆反法则在联想中的应用。

3.3.5　移植法

将某一领域中成功的科技原理、方法、发明成果等，应用到另一领域中去的创新技法，即移植法。例如，古人用转动的链条来运送装满水的桶浇灌田地。后来这种方法被英国人艾文斯发现，并将这种方法运用到磨坊里去传送谷粒。根据觉察、发现和联想，将这种“类似”运用嫁接到其他领域，完成从水(液体)到谷粒(固体)的经验转移。当今人们又根据这种“类似”创造出许多传送设备、自动化生产线等。

相传有一年，鲁班接了一项建造一座巨大宫殿的任务。这座宫殿需要很多木料，鲁班就让徒弟们上山砍伐树木。由于当时还没有锯子，他的徒弟只好用斧头砍伐，但这样做效率非常低，远远不能满足工程的需要。鲁班很着急，他决定亲自上山察看砍伐树木的情况，在上山的时候，无意中抓了一把山上长的一种野草，却一下子把手划伤了，他摘下了一片叶子仔细观察，发现叶子两边长着许多小细齿，用手轻轻一摸，感觉这些小细齿非常锋利。这使他受到很大启发，他想：如果把砍伐木头的工具制作成锯齿状，不是同样会很锋利吗？砍伐树木也就容易多了，于是鲁班就用铁片做成锯齿去伐木，锯就这样被发明了。

在鲁班发明锯之前，肯定也有不少人手被野草划伤的情况，为什么单单鲁班从中受到启发而发明了锯，这无疑值得我们思考。大多数人认为这只是一件小事，不值得大惊小怪，他们往往在治好伤口以后就把这件事忘掉了。而鲁班却有比较强烈的好奇心和正确的想法，很注意对一些微小事件的观察、思考和钻研，从中找到解决问题的方法和思路，才可能获得某些创造性发明。这告诉我们一个道理，留意生活中许多不起眼的小事，勤于思考，会增长许多智慧。

在现代社会中，不同领域间科技的交叉、渗透已成为必然趋势，应用得法往往会产生该领域中突破性的技术创新。例如，将电视技术、光纤技术移植于医疗行业，产生了纤维胃镜、纤维结肠镜、内窥镜技术等，减少了病人的痛苦，提高了诊断水平；激光技术、电火花技术应用于机械加工，产生了激光切割机、电火花加工机床等新设计、新产品；当直升机作为运输工具销量不佳时，移植于植树造林、撒药灭虫、抢险救护方面，就打开了销路；将集成电路控制的防抢防盗报警器移植到手提式公文箱上，设计成了新一代的电子密码公文箱，一旦不法之徒想抢劫、偷窃，它便会自动报警。直到主人走近，它才停止报警，更可在报警的同时放射灼人的电流，使案犯手臂麻木、痛苦不堪。

3.3.6 缺点列举法

社会总在发展、变化、进步，不会停留在一个水平上。当发现了现有事物、设计等的缺点，就可找出改进方案，进行创造发明。改良性产品设计，就是设计人员、销售人员及用户根据现有产品存在的不足所做的改进。价值分析方法，也就是分析产品功能、成本存在的问题，设法提高其价值，又可称为“吹毛求疵法”。例如，针对原来手表功能单一的缺点发明了双日历表、全自动表、闹表、带计算器的表等；日本的鬼冢喜八郎抓住原来运动鞋打球时易打滑、止步不稳、影响投篮准确性的缺点，将原来的鞋底改成像鱿鱼触足上吸盘状的凹底，设计出独树一帜的新产品；针对原来炒菜锅煎东西时经常粘锅底的缺点，设计生产了不放一滴油，照样可以烹煎锅贴、荷包蛋之类食品的杜邦平底煎锅、炒菜锅；普通的玻璃虽然有不少优点，但也有不能切削加工、不耐高低温差的变化等缺点。因此发明了微晶玻璃，克服了上述缺点，广泛应用于家庭器皿、天文望远镜等；伦敦街头行驶的有轨电车，车轮与轨道间的撞击声、吱吱声增加了城市的噪声，针对此问题铺设了硬橡胶制造的轨道，有效减小了电车的噪声。

1950年，英国人科克雷尔开始造船业。在实践中他发现船体外表面与水之间产生的摩擦阻力及船运动时所产生的波浪阻力，大大降低了船舶航行性能。这一缺点如何克服呢？他想：如果将船做成一定的空船壳，想办法使船与水面间形成薄薄的一层空气垫，使船在水面上航行，那摩擦阻力、波浪阻力不就大大降低了吗？同时，他用两只铁盒做试验，发现用不同尺寸的底端开口的铁盒向下朝厨房用的天平上鼓风时，相同质量的空气通过小开口所产生的冲力更大。他不断改进，终于成功设计制造了气垫船。1959年6月11日，SRN-1号气垫船横渡了英吉利海峡。利用气垫原理，还产生了一系列新型的交通运输工具。

3.3.7 废物利用法

随着人们生活水平的提高，活动范围的扩大，所产生的废物越来越多。如何合理处理废物已成为人类一大难题，对生态平衡、环境保护的意义重大。在创新的思考中考虑到废物利用、变废为宝，使创新的价值大大提高。例如，利用粉煤灰制砖；利用钢渣、煤渣制造水泥等建材；从垃圾中提炼石油、贵金属；用稻壳培植蘑菇；用粪便发酵生成沼气等，均是这种发明技法。

本田技研工业前最高顾问本田一郎看到第二次世界大战时发电用的小型发动机在战争结束后失去用处而扔掉时，便想到是否可将它改装于自行车上，使之商品化。他不顾周围人的极力反对，廉价买进大量废弃发动机，获得了意外的成功。驰名全球的本田摩托车即由此发展而来。

牲畜的骨、角、蹄、血等原也是废物，但用它们制成骨胶、骨粉、骨油、食用蛋白质、血粉等，价值却很高；苍蝇被人们视为“四害”之一，但在作为动物蛋白质饲料主要来源的鱼粉日趋紧张时，用人工养殖蝇蛆却是一种解决动物蛋白质来源、变废为宝的好途径，是养猪、鸡、鸭、鱼的好饲料。松果、山果等，原来也是废物，现将其制成圣诞礼品出口，可以创造收益。回丝画、树根造型、麦秆编织、贝雕画、布贴画、沥青画……在艺术品中，这些废物利用技法也很多见。

3.3.8 形态分析法

形态分析法是在美国任教的瑞士天文学家F. 茨维克创造的技法，又称形态矩阵法、形态综合法或棋盘格法，指根据系统分解和组合的情况，将需要解决的问题分解成各个独立的要素，然后用图解法将要素进行排列组合，如可按材料分解、按工艺分解、按成本组成分解、按功能分解、按形态分解等，从许多方案的组合中找到最优解，可大大提高创新的水平。

使用此技法的步骤如下。

(1) 明确用此技法所要解决的问题，即发明、设计。例如，要设计制造一种搬运物品的新型运输工具。

(2) 将要解决的问题按功能等列出有关的独立因素。例如，经分析，这种新型运输工具的独立因素为装载形式、输送方式、动力来源。

(3) 详细列出各独立因素所含的要素。针对此例，列出明细表，并进行图解，如图3-31所示。

(4) 将各要素排列组合成创造性设想。此例可获得5 × 8 × 8=320个组合方案；从中选出切实可行的方案再进行细化。如果方案很多，可使用计算机进行分析。

但也要注意，方案并不是越多、越复杂就一定越好。

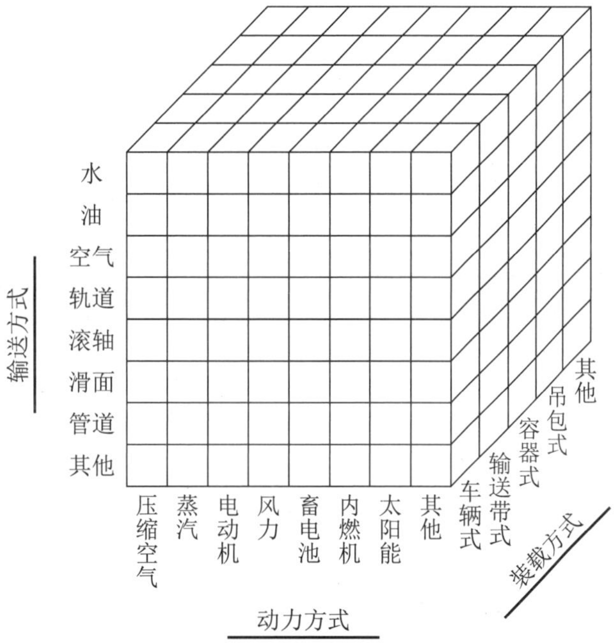

图3-31 独立因素所含要素图解

3.3.9 设问法

设问法可围绕老产品提出各种问题，通过提问发现老产品设计、制造、营销等环节中的不足之处，找出需要和应该改进之处，从而开发出新产品，有5W2H法、奥斯本设问法、阿诺尔特提问法等。

5W2H法是从七个方面进行设问。因这七个方面的英文第一个字母正好是5个W和2个H，故而得名。即：为什么要革新(Why)？革新的具体对象是什么(What)？从哪些方面着手改进(Where)？组织些什么人来承担任务(Who)？什么时候进行(When)？怎样实施(How)？达到什么程度(How much)？

奥斯本设问法大致思考如下问题。

(1) 稍微改动现有产品会有新的用途吗？

(2) 能否利用其他方面的经验和设想？以前有类似的东西可以借鉴、模仿吗？

(3) 扩大、添加成分会怎样？高点、长点、厚点会怎样？

(4) 缩小、去掉成分会怎样？低点、短点、薄点、小点、轻点、分解开会怎样？

(5) 能否将产品变动、组合或改变运动方式？能代用吗？有其他制造方法吗？

(6) 改变顺序、要素、因果关系、步骤、基准会怎样？

(7) 反过来、上下倒置、反向运动、改变转向会怎样？

(8) 功能、目标、设想、部件、材料等能否重新组合？

3.3.10 KJ法

KJ法是日本筑波大学川喜田二郎教授首创的，以其姓名首字母命名的、以卡片排列方式进行创造性思维的一种技法。此法的要点是将基础素材卡片化，通过整理、分类、比较，进行发想。大致过程如图3-32所示。

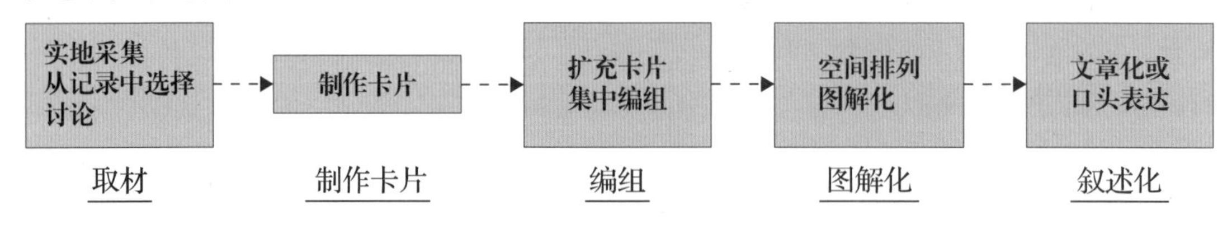

图3-32 KJ法的大致过程

卡片要全，尽量具体、精练、易懂。通常可制作50~100张。关键是取材的质量，否则，即使卡片很多，还是得不到创造性设想。

卡片分组与扩充，就是将已制作的许多卡片铺开放在桌面上，慢慢地审视卡片，将相近、相关的卡片集中在一起，上面添加一张小标签。这张小标签即这一组卡片的要点。最好将小标签作为新设想，并用红笔书写。将上述小标签与原来不成组的卡片放在一起，再编组，制作中标签，可用另一种色笔书写，一直到大约编成10组以内为止。

在一张白纸上将这些编好的组放到能显示其相互关系的结构空间位置上，并用各种记号如：=、+、↗等，表明卡片组间的逻辑关系，即图解化的过程。

根据图解显示的逻辑关系，进一步思考、补充、分析，并抓住关键之处，形成流畅的文章或口头表达方式，然后讨论。

对于复杂的问题，可多次采用此法循环求索。

3.3.11 功能思考法

功能思考法是以事物的功能要求为出发点广泛进行创新思维，从而产生新产品、新设计。任何产品、工艺或组织形式等，都是满足某种需要而产生的，而需要的是功能。抓住功能即抓住了本质。

为了使人们旅游时舒适，针对人走路的特点，设计了旅游鞋；为了使鞋子具有按摩的功能，又设计了按摩鞋；纺织女工长期从事行走、站立劳动，容易造成脚部损伤的职业危害。针对这一点，专门设计生产了新型女工健步鞋，用抗菌布作帮里及鞋垫，有杀菌、除臭、去湿作用。设计上还有新突破，保护脚部免受损伤，具有柔软、轻便、耐磨、防滑等特点，纺织女工穿着后普遍反映舒适、无疲劳感。

在寒冷地区，冬天人们常需铲雪，需用铁锹这一工具。铁锹设计的关键应在“铲”字上做文章。虽然以往的铁锹，在重量、握柄、锹面形状等方面作了功能性的考虑，但人们铲雪时需不断弯腰，且雪容易黏附在锹面上的问题仍未解决。经过不断总结经验，人们针对铁锹的功能，将锹柄做成很大的弯度，又在锹面上涂刷硅有机涂层，有效解决了上述问题。

热水瓶塞的主要功能是保温，但瓶塞只能在24h后保温在69℃ 上下，最高才72.5℃。而沏茶、冲咖啡、冲牛奶需有80℃的温度。从瓶塞保温功能出发，设计生产了高效保温瓶塞，在一般的软木塞下增设塑料紧封环。使用这种瓶塞，开水在24h后还能在瓶内保温达80℃，使我国保温瓶的保温度处于领先水平。

设计师埃尔维斯•埃纳奥设计了多功能小推车EROVR，这是一辆变化多端的多功能小推车，长宽高及推手、护栏均可调节。当人们在生活中遇到搬运不同种类的货物时，只需稍微调整变换一下造型，即可派上用场，简直就是一辆小型的变形金刚，如图3-33所示。

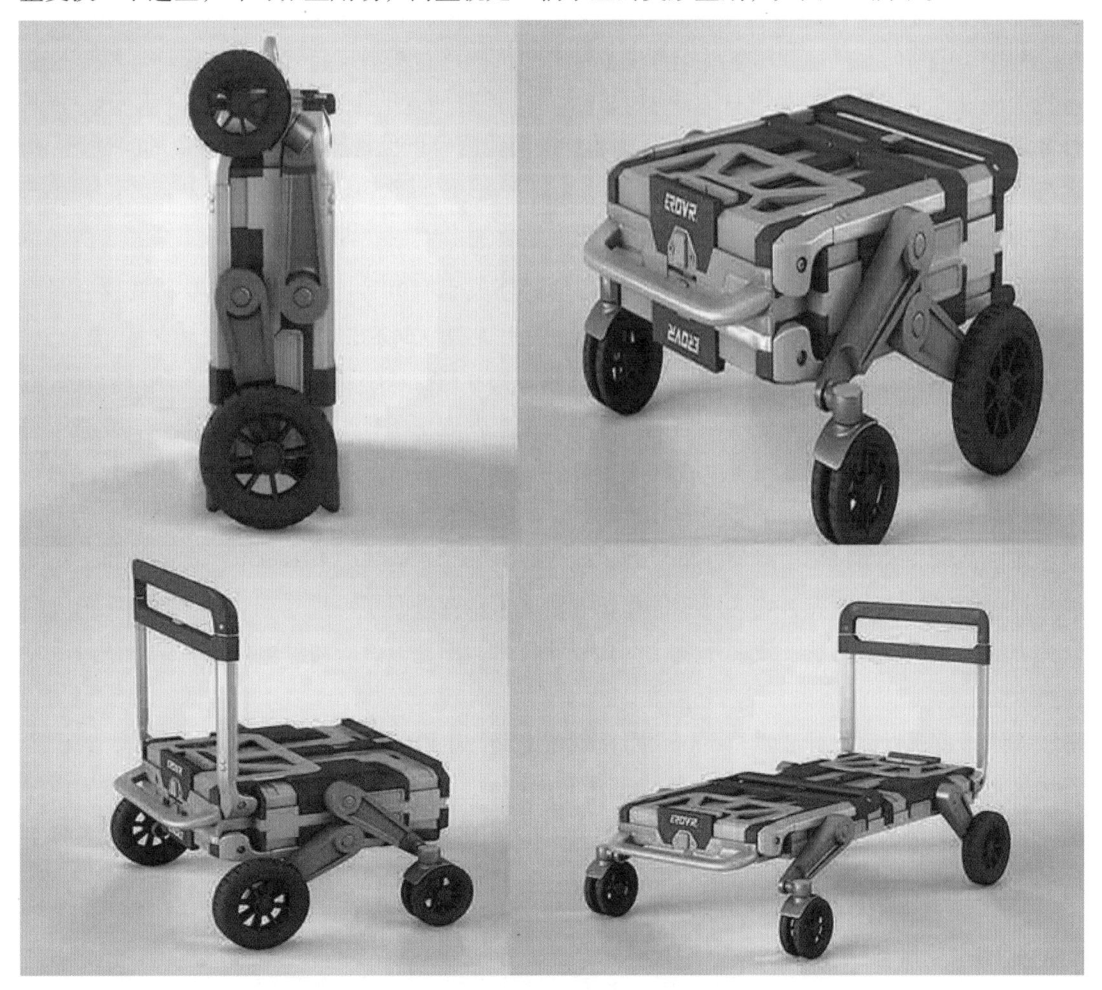

图3-33 多功能小推车

3.3.12 希望点列举法

缺点列举法是围绕现有物品设计的缺点提出改进设想，离开物品设计的原型，是一种带有被动性的技法。而希望点列举法则可按照发明人的心愿提出各种新设想，可不受现有设计的束缚，是一种更为积极、主动型的技法。例如，人们希望像鸟一样在蓝天上飞翔，于是发明了飞机；人们要像神话故事中的嫦娥一样奔向月球，终于发明了卫星、宇宙飞船；人们希望能在黑夜中视物，发明了红外线夜视装置；人们希望服装不起皱，免烫，不要纽扣，重量轻而保暖性、透气性好，两面可穿，一衣多用……这些均已在生活中得以实现。

莫尔斯发明了电报，但还需将文字译成电码，再由电码译出原文，有时还会译错、发错。人们就想：能否直接用电传送人的语言呢？经过人们20多年的探索，终于由贝尔发明了电话机，大大改变了人们的生活方式。在实际应用中，人们又提出各种新的希望与要求：如果打电话时人不在，能否将电话内容记录下来呢？最好通话时能看到对方的形象。相隔遥远的两地间，是否可以不通过长途台而直接拨号呢？电话机是否能不要电话线以便随身携带呢？等等。于是，录音电话、电视电话、远程视频电话、无线电话、手机等相继问世。

人们在外出办事、旅游时，经常会购买罐头食品，它虽然食用方便，但一般是凉的。于是，利用化学物品发热、利用金属箔通电加热等可加热的自热锅食品就被设计生产出来了。

产品设计的主要目的是设计人类明天的产品，设计明天的生活方式。所以，未来设计(又称梦想设计、概念设计等)应是产品设计师思维的重要内容，也是产品设计要解决的问题。

3.3.13 专利利用法

全世界每年会申报许多项专利，人们发明的新技术有90%~95%刊登在专利文献上。因此，借用专利构思创新、设计开发，是创造发明有用之法，成功之路。

1845年，英国人斯旺看到一份关于电灯泡制造的专利，从中受到启发，产生制造碳丝灯泡的设想，于1860年发明了第一盏碳丝电灯，并写文章发表于《科学美国人》杂志上。爱迪生阅读此文章受到启发，从而制成了真正实用的电灯。

日本的丰田佐吉为自己的企业寻找出路，订阅了全部专利文献，从中找到思路，发明了自动织布机，该技术超过了当时处于世界领先地位的英国，连英国人也不得不购买其专利。

过去的复印技术研究，均为湿式的化学方法。卡尔森查阅了大量专利文献，掌握了前人的研究方法后改用物理方法，发明了现代干式复印技术，即光电效应与静电技术相结合的静电复印技术。

如果不重视查阅专利文献，不仅会阻塞创新之路，也可能重复他人已做过的事情，或已走不通的道路，白白浪费心血。1969年，某地开始研究“以镁代银”技术，制作保温瓶的内镀层，苦干10年获得成功。当鉴定时，才发现英国早在1929年就已研究成功。这种重复他人40年前的劳动，使10年的辛苦付之东流。

3.3.14 逆向发明法

逆向发明法又称负乘法、反面求索法等，是从常规的反面、从构成成分的对立面、从事物相反的功能等考虑，寻找设计、创新的办法，即原型是反向思考的设计新形式。

金属腐蚀本是坏事，但利用腐蚀原理却发明了刻蚀、电化学加工工艺等，也产生了不锈钢；驾驶员在开车时如果一会儿向前看，一会儿向后看，容易眼睛疲劳、出事故，利用反光镜就解决了看后面东西的问题；电冰箱有了冷冻室确实很实用，但如果突然来了客人想做菜，来不及化冻，于是利用逆向发明法，设计出带有化冻室的电冰箱。

1885年，斯塔利发明了链条传动自行车——“安全漫游者”，至今100多年过去了。自行车的造型和结构基本上是链条传动、带钢丝的圆形车轮及充气轮胎。近年来，逆向发明法指导着自行车新的设计。不用链条传动的、无需充气的、无钢丝的自行车相继问世。

石油输油管的管接头一向是焊接方式连接的。但在南极地区的极低气温下，管接头经常冻裂而漏油，无法解决输油的这一关键问题。反其道而行之，干脆用湿布将管接头处包住，冰冻后就大功告成，再冷也不怕了。

3.3.15　模仿创造技法

人的创造源于模仿。大自然是物质的世界、形状的天地。自然界的无穷信息传递给人类，启发了人的智慧和才能。高楼大厦源于“鸟巢”“洞穴”；飞机的原型是天空的飞鸟……从人造物的基本功能来看，都源于自然界的原型。超音速飞机高速飞行时，机翼产生有害振动甚至会使其折断。设计师为此绞尽脑汁，最后终于在机翼前缘设置了一个加强装置，才有效地解决了问题。令人吃惊的是，早在3亿年前，蜻蜓翅膀的构造就解决了这个难题——在翅膀前缘上有一翅膀较厚的翅痣区。

模仿创造技法是指人们对自然界各种事物、过程、现象等进行模拟、科学类比(相似、相关性)而得到新成果的方法。所谓“模拟”，就是异类事物间某些相似的恰当比拟，是动词性的词；所谓“相似”，是指各类事物间某些共性的客观存在，是名词性的词。

人们自觉地把生物界作为各种技术思想、设计原理和创造发明的源泉，产生了新兴的科学——仿生学。J.E.斯蒂尔博士给仿生学定义为：“仿生学是模仿生物系统的原理来建造技术系统，或者使人造技术系统具有或类似于生物系统特征的种子。”其研究范围为机械仿生、物理仿生、化学仿生、人体仿生、智能仿生、宇宙仿生等。有的是功能的仿生，有的是形态的仿生，而其中又有抽象、具象仿生之分。

模仿苍蝇眼睛制成的摄影机，一次能拍上千张照片，分辨率达4000条/cm，可用于复制显微线路；目前银行用的点钞机，就是对人手快速点钞的机械仿生；瑞士人德•梅斯特拉尔打猎时常看到牛蒡子牢牢地附着在猎狗身上。有一次他用放大镜观察，原来是牛蒡子上长的小钩钩把种子挂在了卷曲的狗毛上，而且既可拿下，还可再钩住。于是他想：能不能把这种结构派上用场呢？经研究，黏合自如的尼龙搭扣发明了。

国际市场上有些用蛇皮、鳄鱼皮、玳瑁壳制造的拎包、票夹、皮带等产品很畅销，但一是价格很昂贵；二是材料受动物保护法律的限制，不可滥用。利用模仿创造技法，发明了表面镀饰新工艺，使产品宛如天然，美观而价廉。该项技术是先用塑料覆于真皮上印出天然纹理，制成“塑料模”，在其上喷银浆使其能导电。然后用适当的电镀液进行电铸，得到坚硬的“电铸模”。最后在其上镀一层薄金，就成为压铸人造花纹的模具。

在设计工业产品外观时，仿生造型常采用直感象征手法和含蓄、隐喻手法。前一种是较直观的创造方法；后一种则形态概念隐而不显，使人产生更多的联想、耐人寻味。图3-34为仿生松果吊灯。

图3-34　仿生松果吊灯

加拿大设计师斯特凡•利特黑德设计的仿生飞鱼椅，具有灵活多变的个性，宛若鱼的自由，曲线流畅、利落又优雅，原木制作突显自然美，更为重要的是这样根据需求便可以折成不同的角度。使用者可以在上面或坐或躺或靠或趴，一张椅子能满足多种姿势，如图3-35所示。

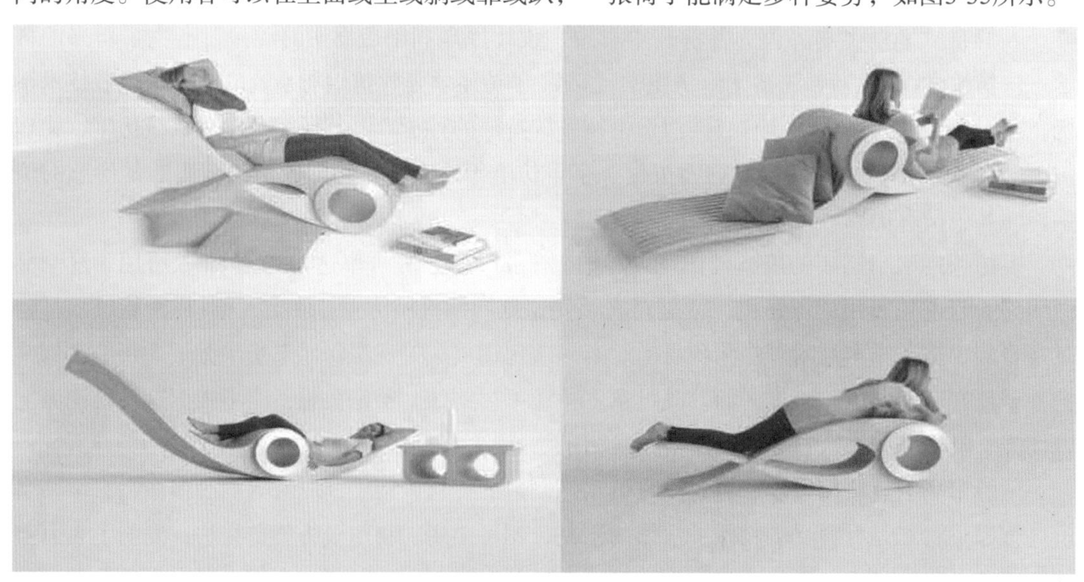

图3-35　仿生飞鱼椅

3.4 创意性设计方法培养

有人认为，创意性只有天才有之，其实不然。从科学与实践的观点看，创意性人皆有之，即带有普遍性。有人认为，思维纯粹是受遗传决定的天赋智力，其实不然。思维也是一种可以后天训练培养的技能。通过训练，人们能更有效地运用自己的思维，发挥潜能。也有人认为，智商高的人一定善于创意性思维，而实际经验告诉我们，高智商并不一定伴随很全面的思维技能。它仅表示“聪明”，而具有良好思维技能则谓之“智慧”，两者有所区别。另外，许多事实表明，设计、创新成果，有时基本上与设计、发明人原来所从事的工作，与某一领域的经验无关。例如，最早的玉米收割机是一个演员发明的；最早的实用潜艇是在纽约工作的一位爱尔兰教师发明的；轮胎的发明者是一位兽医；水翼的发明者是一位牧师；安全剃刀出自一位售货员的设计；彩色胶卷的发明者则是一位音乐家。

3.4.1 培养的方法

进行创意性设计的具体手段主要有以下几个方面。

1) 敏锐的直觉思维

直觉中往往蕴涵着丰富的创造意识、正确的洞察力。因此，要多观察、多思考，鼓励思维中的反常性、超前性，鼓励点点滴滴的直觉意识，不要轻易否定、丢弃。

2) 深刻的抽象思维

随着科学技术的发展，对客观事物本质的认识必然越来越深入，许多理论、概念、成果的内容超出了一般表象范围。所以，借助科学的概念、判断、推理来揭示事物本质的抽象思维必然日趋重要。

化学家道尔顿认为：直接称量单个原子尚不可能，那么是否可测其相对重量呢？他想：既然原子按一定的简单比例关系相互化合，那么其中最轻元素的重量百分比与其他元素重量百分比比较一下，不就可以得到各种元素的原子相对于最轻元素的原子的重量倍数了吗？这种深刻的抽象思维，使道尔顿终于找到了测定原子相对重量的科学方法，使化学这一学科真正走上了定量的发展阶段。

要发展抽象思维，必须丰富知识结构，掌握充分的思维素材，不断加强思维过程的严密性、逻辑性、全面性。

3) 广阔的联想思维

联想思维是将已掌握的知识、观察到的事物等与思维对象联系起来，从其相关性中获得启迪的思维方法，对促成创造活动的成功十分有用。具体如因果联想、接近联想、相似联想、需求联想、对比联想、推理联想、奇特联想等。仿生学的基本原理就是从对生物的联想、模仿、功能改进中获得思维创造活动的突破。在工业设计中，仿生学也是一种十分有用的科学。英国外科医生李斯特受微生物学家巴斯德的“食物腐败是因微生物大量繁殖的结果”的启发，联想到伤口化脓是细菌繁殖的结果，从而发明了外科手术消毒法，使化脓、死亡的比例大为下降。

一般来说，联想思维越广阔、越灵巧，则创造性活动成功的可能性就越大。

4) 丰富的想象思维

这是指在已有的形象观念的基础上，通过大脑的加工改造来组织、建立新的结构，创造新形象的过程。想象力包括好奇、猜测、设想、幻想等。牛顿说："没有大胆的猜测，就做不出伟大的发现。"爱因斯坦自己并没有经历过相对论时空效应，罗巴切夫斯基也没有直接见过四维空间，盖尔曼更不会看到"夸克"，他们的创造、发现，都是建立在科学基础上的想象。19世纪法国著名科幻作家儒勒•凡尔纳，著有《格兰特船长的女儿》《海底两万里》《地心游说》《环绕月球》《神秘岛》《从地球到月球》《八十天环游地球》等。在他作品中幻想的电视机、直升机、潜艇、导弹、坦克等，今天均已成为现实。

钉子在日常生活中是很常见的东西，以钉子为例，在考虑其用途时，运用联想思维打破人们认为钉子只能钉木板等的固有观念，反常规去思考、拓宽思路，尽可能多联想其他事物，考虑它还有哪些其他用途或用于其他方面的可能性。经过联想、分析、归纳，总结出钉子的用途不光只是钉木板等，变换材质还可以钉水泥、钉厚铁板、当铆钉，稍做加工可作钻头、磨尖了当锥子、钉在小木条上做成圆规、在木块上钉穿加把柄做成耙子、排列组合稍做加工可制成趣味玩具、将大小不一的钉子按画稿钉在木板上成为有装饰效果的艺术作品，等等。这样扩展思路、打破常规思维定式去联想还可以想出许多……

3.4.2 能力的表现

进行创造性思维的训练，可提高探索性、运动性、选择性、综合性思维的能力。

1) 探索性思维能力

探索性思维能力体现在是否能对已知的结论、事实发生怀疑；是否敢于否定自己一向认为是正确的结论；是否能提出自己的新见解。

只有"怀疑一切""寻根问底"的怀疑意识，凡事都问一个为什么，不"人云亦云"，才能促进对新事物的探索。银行职员伊斯曼在出差时，随身携带很重的照相机及玻璃平板底片，体力上实在有点吃不消。于是他想：有没有更小型、轻便的照相方法呢？这一设想使他不能平静，一直探索下去。终于在1879年他取得了改良平板的专利，接着又发明了软片，制成了风靡世界的小型柯达相机。

2) 运动性思维能力

运动性思维能力的训练，就是要打破思维定式，使思维朝着正向或逆向、横向或纵向、主体方向自由运动。

1819年，奥斯特发现了磁效应；1820年，安培也发现通电的线圈可产生磁场。法拉第由此产生疑问：为什么电能生磁，那么磁能否生电？这种运动性思维能力帮助他思索，经过多年努力，他终于在1831年发现了电磁感应现象，并由此原理制造出了发电机。

3) 选择性思维能力

人在一生有限的时间、空间内要获得某些成功，不可能什么都干，不可能盲目去闯。

在无限的创造性课题中，"选择"的功夫与技巧就显得特别重要。学习、摄取什么知识，创新课题、理论假说、论证手段和方案构思等一系列环节的取舍，均需做出选择。因此，要训练和培养有分析、比较、鉴别的思维习惯。

现代遗传学奠基人孟德尔，在对遗传规律的探索过程中，选择了与其前辈生物学家不同的方向。他不是考察生物的整体，而是着眼于个别性状。他对实验植物的选择也非常明智、科学。他选择了具有稳定品种的自花授粉植物——豌豆，既容易栽培、容易逐一分离计数，也容易杂交，又选择了数学统计法用于生物学研究。这些科学的选择，是他取得成功的关键。

4) 综合性思维能力

综合性思维可以说是大脑中将接收到的信息综合起来，产生新信息的过程。为提高综合思维能力，应训练和培养概括总结、把握全局、举一反三的能力。

3.4.3 知识的结构

要创造、要成才，首先要求知。因为知识是人们对客观事物的认识，是客观事物在人脑中的主观印象，是能力与智力的基础。

一个人才能的大小，首先取决于知识的多寡、深浅和完善程度，尤其是现代信息社会，生产力发展、生产进度加速，知识积累和更新十分迅速，科技成果转化为生产力的周期不断缩短，人们更需要学习，需与外部世界进行丰富和多元的接触。

当然，才能不是知识的简单堆砌。高频率地接受单一信息，只能形成习惯，不能形成智力，甚至会扼杀智力的发展。一个人不能什么都学，应有一个合理的知识结构，还需对所学知识进行科学的选择、加工，创造性地加以运用。

创造型人才的知识结构如图3-36所示。

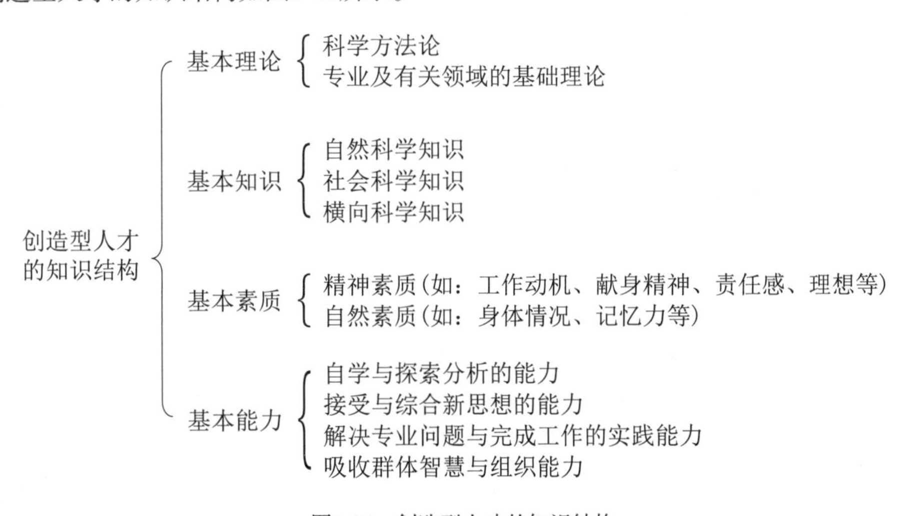

图3-36 创造型人才的知识结构

创造型人才的内在、外在素质与活动特征，大致表现为以下几方面。

(1) 准备并乐于接受新观念、新经验；接受社会变革，兴趣广泛，强烈好奇。

(2) 头脑开通，思路开阔，高度敏感，并富于弹性，不囿于传统成见，对各种意见与态度均有所理解。

(3) 能面对现实，预测未来，注意实践，认真探索，会有效地利用前人成果去创造。

(4) 有较强的效率和价值意识，坚忍顽强，勤奋努力。

(5) 有远大的理想和抱负，选准目标，坚定不移。

(6) 富有幻想，能大胆、独立地思考。

(7) 有普遍的信任感，重视人与人之间的关系。

总之，最佳的知识结构是博与专的统一，并取决于需解决的创造课题的目的，也需要注意能力培养、抓住机遇、搞好关系这三点。国外研究机构对创造型人才提出的考评标准如表3-1所示。

表3-1 国外研究机构对创造型人才的考评标准

群体	学识	创造能力	工作态度	计划能力	决断能力	指导管理能力	总计
研制工作者	30	20	20	10	10	10	100
研究工作者	20	30	10	20	15	5	100

第4章

设计程序与用户的关系

主要内容：讲解设计程序与用户的关系，使读者掌握用户研究的方法、用户角色分析法、用户程序与用户模式。

教学目标：帮助读者找准设计方向，学会创建用户角色的方法，了解不同的设计项目所侧重的方法。

学习要点：掌握用户研究的方法、用户角色分析法、用户程序与用户模式。

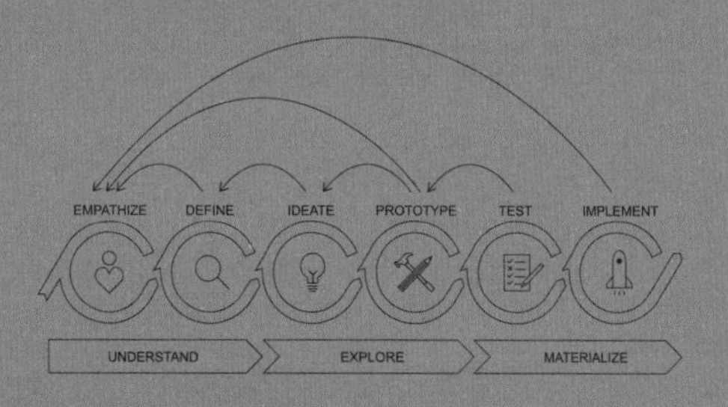

Product Design

4.1 目标用户的界定

在上一章中细致地讲解了创意性设计方法，其在产品设计流程中首先要理解的就是产品的使用人群、购买人群，即“目标用户”。本章主要讲解设计程序与用户的关系。

4.1.1 目标用户的概念

用户研究是以用户为中心的设计流程中的第一步。它是一种理解用户，将用户的目标、需求与商业宗旨相匹配的理想方法。用户研究不仅对产品的设计有帮助，而且会让产品的使用者受益。就用户研究的现状来看，广义的用户研究是指以用户为中心的设计观念下的所有理论和方法；狭义的用户研究仅是指以用户为中心的设计流程中的第一步。在此提到的用户研究是基于广义的用户研究的概念，指的是在产品生命周期中的用户研究，而不仅仅指产品开发期的用户研究。

用户研究的主要应用是帮助企业定义和分析产品的目标用户群体，明确和细化产品概念，并且通过对用户的任务操作特性、认知心理特征、知觉特征的研究，使产品设计以用户的实际需求为导向，更加符合用户的使用习惯和心理期待。在与用户有关的几个概念中，“以用户为中心的设计”侧重于设计思维或设计方法论，“用户体验”侧重于用户的主观感受，而“用户研究”则是“以用户为中心的设计”的设计方法论在设计研究中的具体应用，侧重于具体的研究方法和操作工具。

“以用户为中心的设计”是一种创建吸引人、高效的用户体验的方法。以用户为中心的设计思想指的是在开发产品的每一个步骤中，都要把用户列入考虑范围。相较于其他设计思想，以用户为中心的设计思想主要是尝试围绕用户如何能够完成工作、希望工作和需要工作，来优化用户与产品的交互，而不是强迫用户改变其自身的使用习惯来适应产品开发者的想法。

4.1.2 目标用户群体定位

1. 目标用户群体定位的作用

随着我国经济市场化程度的不断加深及买方需求的多样化趋势，构成产业链的元素进一步分裂，市场细分成为新世纪中国经济成熟的标志。为满足消费者日益细化的需求而衍生出许多细分行业，使单元产业的价值链条逐渐加长。用户研究对用户和公司具有互利作用，对于公司设计产品来说，用户研究可以节约宝贵的时间和开发成本，创造更好的产品；对于用户来说，用户研究使产品更加贴近用户的真实需求。通过对用户需求的理解，能为用户解决实际问题。实现以人为本的设计，必须将产品与用户的关系作为一项重要研究内容，先对用户与产品关系进行设计，设计人机界面，然后按照人机界面要求设计机器功能，即“先界面，后功能”。

2. 用户群体确定

在初步确定目标用户群体时，必须关注于企业的战略目标，它包括两个方面的内容：一方面是寻找企业品牌需要，特别针对具有共同需求和偏好的用户群体；另一方面是寻找能帮助公司获得利益的用户群体。通过分析居民可支配收入水平、年龄分布、地域分布、购买类似产品的支出统计，将所有的用户进行初步细分，筛选掉因经济能力、地域限制、消费习惯等原因不可能为企业创造利益的用户，保留可能形成购买力的用户群体，并对该群体进行分解，分解的标准可以依据年龄层次、购买力水平、消费习惯等。由于分析方法更趋于定性分析，经过筛选保留下的消费群体的边界可能是模糊的，需要进一步的细化与探索。

3. 需求分析

定义了目标用户群体，企业下一个目标就是明确向该目标用户群体提供怎样的产品价值，为此，需要从多个角度了解用户对产品的不同需求，将不同变量中的数据结合在一起，包括地理分析的、人口统计的、心理研究的、行为研究和需求研究的数据，带来有意义和可操作的目标用户群体需求定义轮廓。此外，还要了解用户对产品的体验需要。为了让目标用户群体带来更好的效益，需要从用户的行为、态度、信仰、购买动力等方面来了解他们的真正需求。对用户的研究主要有如下三种方法。

(1) 定量分析：对市场中的用户行为的基本概括。例如，产品测试、包装测试、广告文案测试等。

(2) 基础性的用户研究：主动对一个品类或者产品中的用户基本行为进行了解。例如，业务分类研究、品牌资产调查、习惯和经验研究等。

(3) 经验性的用户研究：是对用户的深入研究，将定性和定量研究与用户的生活联系起来进行分析。

4. 二次细分

在根据企业战略目标初步判别目标用户群体的轮廓之后，需要对该范围较大的目标用户群体进行二次细分，目的是帮助确认目标用户群体的最终方案。

首先，通过综合定性判别，并结合小规模的用户调查或经销商访谈，丰富已经初步确定的战略目标用户群体分解标准，赋值形成购买驱动/衰竭曲线，如以年龄层次、购买频率、购买支出占可支配收入的额度为分解标准赋值等，如图4-1所示。

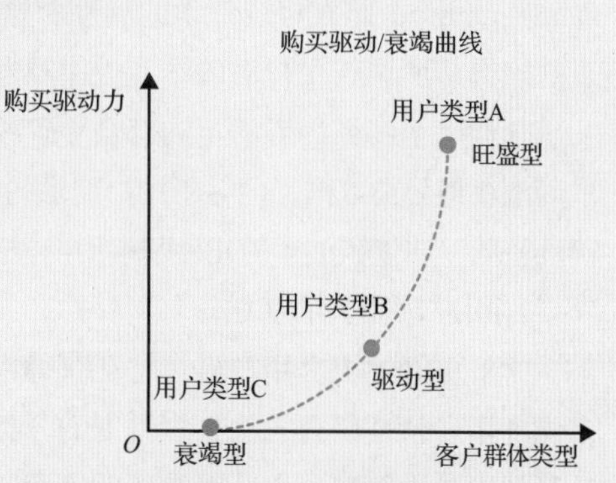

图4-1 购买驱动/衰竭曲线

其次，需要对总体目标用户群体进行排序，即确定首要关注对象、次要目标和辐射人群。首要关注对象是指在总体目标用户群体中，有最高消费潜力的那部分用户，包括四种类型：经常性或大量购买该产品的用户、刚刚开始接触和购买同类产品的用户、对产品有最高期望值的用户、产品的早期使用者(他们能起到示范效应)；次要目标是指与企业战略目标有分歧的，但能为产品创造重要销售机会的用户；辐射人群是指处于总体目标用户群体内购买欲望最弱的群体，但他们可以被企业的营销手段影响而形成偶然购买群体，甚至最终成为固定购买群体。

再次，通过营销和推广手段使首要关注对象成为产品的忠实拥护者、品牌的深刻感知者，能够帮助企业获得较高的稳定销售收入。

最后，企业通过用户关系管理手段经营次要目标及辐射人群，在中长期获得较高的销售收入。

5. 动态调整

许多企业在推出新单品的时候，都会非常慎重地进行产品定位，但在产品与用户“亲密接触”一段时间之后，往往忽略用户的信息反馈。因此企业需要建立有效的信息跟踪机制，对市场上的变化及时跟踪了解，在需要的时候调整策略，并适时推出针对性产品满足用户需求。但在理性分析用户需求的基础上还需要有针对性地对产品的战略、营销加以调整。因为用户行为有时是从感性角度出发，而不是理性地考虑技术方面的因素。例如，用户在个人价值观动摇或者观念与现实不协调的时候会表现得很消极；用户只有在产品能够满足他们真正的需求或有所期望时才会对产品产生兴趣；用户在选择产品时有很强的主动性。

4.2 用户研究方法

4.2.1 目标用户群划分方法

1. 传统产品用户群的划分方法

1) 人口统计学属性维度划分

由于不同用户具有的属性不同，如文化、年龄、性别、职业、收入等差异性的存在，因此，早期的用户研究是以这些属性为维度进行用户群的划分，这种分类维度称为Demographic，即人口统计学的属性。这样的分类方式能够准确地获得产品用户的属性数据，直观地揭示所调查用户群的本质规律及发展趋势。在实际情况中，用户的特征信息包含很多，几乎任何一个特征因素的不同都会导致用户对产品使用的行为习惯不同。虽然该分类方法能够准确地获得分类数据，但对于用户需求的考虑相对较少，划分之后的用户群相对于产品的定位精确度较低，如依照上述的几种基本用户类别，得到的结果会在相符度与精确度之间失去平衡。

2) 用户特征多维度划分

为了更好地根据用户需求特征获得用户划分结果，在人口统计学属性划分的基础上衍生出多维度用户特征研究方法。多维度的分类方法，就是在考虑产品对用户的约束因素及用户自身特征的因素中筛选，以获得重要的维度因素来划分用户群体。基本的特征主要包括用户年龄、性别、收入水平，用户对该产品的使用经验和偏好、使用目的等因素。产品对用户的约束因素主要包括：形状的确定、颜色的不可更改性、按键的唯一性等。多维度的用户分类方法中的维度因子、细分程度不会只通过一种相对固定的模式或方法通用。最有效的维度往往不是那些通用维度的标准，而是与目标产品或产品所在领域是否有直接的关联，是否能反映出特定的交互行为特征等。所以在涉及具体产品的用户分类时，首先需要明确的就是产品的分类目的，再针对产品的用户定位，进行最终的决策。

2. 产品用户群的动态划分

随着网络时代对用户群体的不断推进，产品更迭速度越来越快，用户群的需求特点也实时处在一个变化的进程中。通过多维度的划分来研究用户群的产品需求特点，以及动态地研究用户群类别，从而在产品用户群中寻找到相符度和精确度相对平衡的定位。

1) 用户核心需求的确立

在产品设计开始阶段，首先明确产品概念和方向。任何产品的存在都是为了满足用户的需求，用户对产品的最主要的需求，就是产品最核心的概念和方向，称为产品的核心需求，如图4-2所示。例如手机产品，用户对手机最主要的需求就在于通信，无论是普通手机还是智能手机，用户使用手机最根本的需求就在于通信质量，细分手机产品必须是在保证基本通信属性基础上对产品的概念和方向层面的细分。

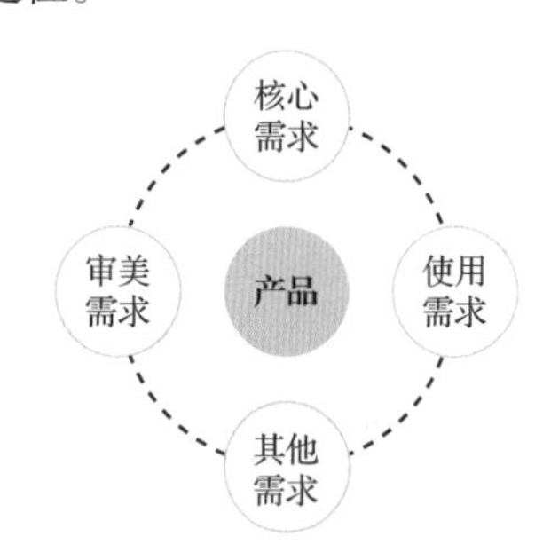

图4-2　产品需求分类

2) 用户群类别分析

明确产品用户的核心需求后，就产品目标的用户群特征进行分类。以教学网站为例，该产品的整体需求是“帮助用户方便、准确地获取所需要的教学服务”。那么对于产品的目标用户群，主要可以分为学生用户、教师用户、评估用户三类。

(1) 学生用户特征：该用户群主要通过虚拟教学网站获得课程所展示的实验、数据、理论等知识。这类用户群相对地在认知成熟度、学习期望、计算机操作水平、风格欣赏等维度存在较大差异，所以在对该用户群的研究中，从以上几种维度进行研究分析。

(2) 教师用户特征：该用户群一般年龄跨度比较大，专业知识极强，计算机操作水平呈现同年龄跨度相近的特点。其主要通过虚拟教学网站发布课程要求、实验数据等教学内容，是网站的参与者，同时也是使用者，对于产品的欣赏风格偏向稳重。

(3) 评估用户特征：该用户群主要对教学网站进行评估调研。例如，教学组组长、学院领导等职位的用户。一般来说，该用户群对网站风格、教学内容、操作方式等方面非常关注，同样具有较强的专业知识，所提出的建议对网站内容设计非常具有参考价值。

3) 用户群类别优先级研究

根据产品目标用户群特征进行分析后，还应考虑用户群之间存在优先级的区别。图4-3为用户群类别的优先级分析，是用户群架构产品的合理性的保障。在产品架构过程中，对于用户需求方面重视，让产品设计师能分别通过不同优先级的用户群需求来设计产品架构和定位，这是对产品需要提供的功能、功能结构组成、主次关系的保证。

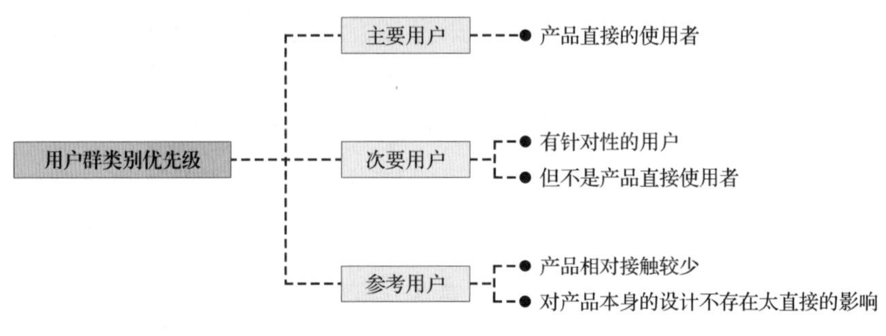

图4-3　用户群类别优先级

以教学网站为例，对用户群之间的优先级进行划分。

(1) 第三类评估用户：是产品相对接触较少的用户群体，用户使用网站的机会在于特定时间和特定活动，而且用户行为的主要内容在于考察教学内容和教学质量，对产品本身的设计不存在太直接的影响因素，属于平淡用户群，作为“参考用户”。

(2) 第二类教师用户：该用户群几乎全程参与到网站的建设中，对于网站的教学内容及教学质量具有直接的影响，是有针对性的用户群。但由于该用户群并不是直接使用者，对网站的需求在于发布信息、维护系统、教学授课等方面，作为“次要用户”。

(3) 第一类学生用户：该用户群是网站直接的使用者，通过网站获取教学内容、教学资源，从而完成教学任务，几乎所有的行为都需要通过网站进行，该用户群的交流和行为都会直接或者间接地体现在使用过程中，作为“主要用户”。

3. 建立用户群模型

为了使划分的用户群类型更加直观，并且尽量减少主观臆断带来的误差，让设计师理解相应用户群对应的真实需求，更好地达到不同用户群的需求服务，需要创建相应的用户模型，用户模型是在用户群类别分析的基础上建立的。

构造虚拟角色的过程需要从用户群需求的角度考虑，从不同用户群行为特征表现出来的多种维度进行构造。用户模型能够清晰揭示用户目标，帮助设计师更好把握关键需求、关键人物、关键流程，决策产品定位。用户模型始终贯穿在产品的全过程，不断得到使用和更新，使动态更新的用户模型越来越接近真实用户群的需求特征。在创建用户模型过程中，可以参考十步人物角色法进行构造，这是一种用户模型建立方式，分别是：发现用户、建立假设、调研、发现共同模式、构造虚拟角色、定义场景、复核与跟进、知识扩散、创建剧情、持续发展。

用户群模型建立后，通过问卷等形式访问用户并在现实中分别找出相对应的特定用户群体，将产品雏形交给这些相对应的特定用户做易用性测试，再将测试报告反馈给设计师，以进行产品的完善。用户群的划分不仅仅停留在产品设计的初级阶段，在产品投放市场之后，也应继续跟进用户群体，对用户使用产品时的行为反馈进行跟踪式调研，继续完善用户群模型并进行动态更新，逐步细化和精确产品目标用户群的划分。如图4-4所示，从产品概念和方向的确定，其中渗透了对用户产品需求的研究，究其各自不同的属性，将用户群划分为不同的类别，再根据各自的特性，对用户群的分类进行需求优先级分析，构建用户模型。依据用户模型展开产品设计开发，并不断对产品目标用户进行跟进研究，以获得用户新数据并反馈给用户研究团队，再进行目标用户的完善和修正，以此循环，动态式进行目标用户群的分类和分析。

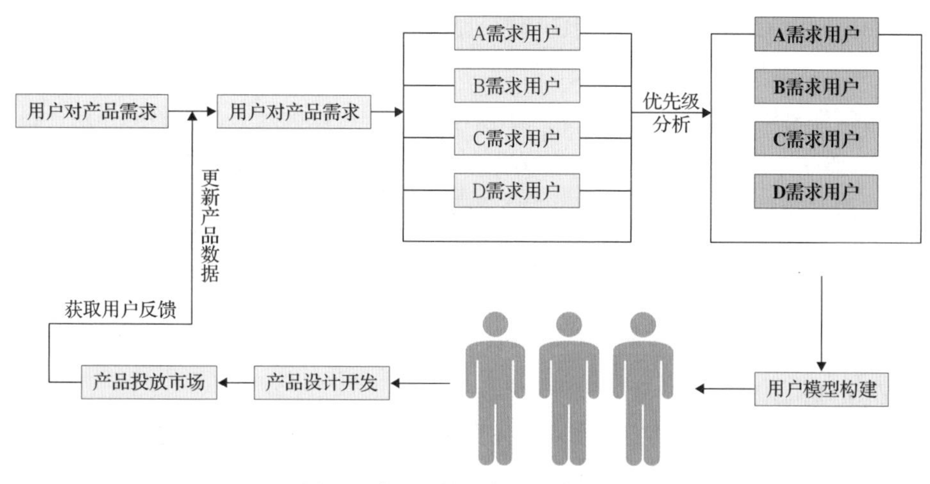

图4-4　产品目标用户群划分动态图

通过以上内容可以看出，要想明确把握产品用户的需求，针对产品的用户定位进行设计决策，最有效的方法往往不是那些通用的标准，而是和目标产品或产品所在的领域有着直接关系。它能反映出特定的用户交互的行为特征，但利用用户模型能够清晰揭示用户的目标，帮助设计师更好地把握关键的需求、人物对象、设计流程和明确产品的市场定位。用户群体的划分也要与时俱进，不论是产品设计阶段还是投放市场的以后阶段，都应不断地跟进用户，捕捉其变化，实时更新。

4.2.2　用户样本选择方法

1. 样本选择的理论基础

虽然在市场研究领域中有相应成熟的样本选取方法(即抽样)，但这并不适用于用户研究领域。总体看来，市场研究注重样本对总体的“代表性”，随机抽样的优点取决于样本的数量。而用户研究注重小样本的深度研究，注重样本的“典型性”，而不是覆盖大量没有针对性的人口统计调查。因此，用户研究中对样本的选择方法与市场研究中对样本的选择方法不同。

用户是复杂的群体，用户与用户之间存在着很多差异性。用户研究注重选取典型的小样本，因此在研究过程中，通常需要对用户进行细分，从而有针对性地展开研究。一般来说，用户分类的维度有很多，如人口因素、地理因素、心理因素、行为因素等，用户分类的标准既要符合产品研究的目标，又要能体现出用户的差异性。例如，根据用户对产品的熟悉程度，可以将用户分为新手用户、中间用户和专家用户；根据商业价值，可以将用户分为主要用户、次要用户和潜在用户；根据用户与产品的关系，可以分为直接用户与间接用户等。当时间和预算有限时，应将重点放在不同类型的用户调查上，这样才会得到较为全面的结果，为创新提供有力的支撑。

2. 样本选择的一般流程

用户研究的样本选择涉及确定研究目的、选定目标用户、明确选样标准及样本量和用户招募等一系列过程。

(1) 用户研究中的样本选择与项目的研究目的密切相关，因为只有目的明确了才可能有合适的选样标准。

(2) 清晰定义要研究的目标用户，对于用户研究工作可以起到事半功倍的作用，目标用户的确定有时需要综合考虑产品给用户的价值、市场定位和商业价值等。

(3) 确定样本选择的标准及样本量。这个阶段需要考量用户的各种特征，包括人口统计因素、心理因素、行为因素等，这些标准设定取决于产品的属性和项目本身的特点。

(4) 样本量的选取问题。用户研究是对典型用户进行的深入观察与研究，因此，它所选取的样本一般比较小，对同一类型的用户一般不超过十位。

(5) 样本量还需要根据项目自身的特点来选择。

(6) 用户招募就是根据确定的标准来寻找目标用户，并安排日程的过程。最为常见的是通过筛选文档来寻找所需的参与者。日程安排就是协调用户与研究人员的时间问题，有时需要反复调整访谈时间，以适应研究人员与用户的要求。

设计师、产品、用户并非三个孤立的个体，而是密切关联的。用户研究为设计师架起了一座认识用户、理解用户、洞悉用户的桥梁，适当的研究方法和对研究流程的严谨把控会使设计创新更加准确，而样本选择方法是其中的关键一环。因此必须在用户样本选择的每一个阶段都要做到严谨，保证最终样本的有效性，为后续的产品设计创新打下坚实的基础。

4.2.3 用户研究方法的应用

1. 极致——通用性与适用性

通用性，是指某个产品的设计尽可能考虑更广泛的人群或更多的使用场景，尽可能减少设计开发的重复和浪费，并让整个社会形成统一的基本认知，有利于推广普及。例如，中国的筷子就是典型的通用性设计案例，通过简单、极致的造型和结构方式实现“夹”“挑”“切”“插”等功能，任何菜系均可通过这个简单的工具完成。适用性，是指某个产品只针对一种功能或者某个特定场景进行设计，它的优势就是精准、高效地解决问题。吃西餐的刀叉就是适用性设计的典型代表，每个工具针对性地解决某个问题，甚至叉子又细分为吃沙拉用的叉子和吃肉用的叉子等。

以智能马桶盖为例，图4-5是一款针对老年人、孕妇、有便秘疾病的用户群体生理特征和使用习惯设计的智能马桶盖，它是用适用性设计的思维方式对普通功能马桶盖进行全新定义的结果。首先，是交互界面设计，这款产品首次采用简单的图案菜单交互设置，可以使用户轻松地找到想要的功能。其次，是产品功能定义层面，由于用户群体用智能马桶盖最大的需求就是臀部清洗、暖风烘干、防菌和坐便加温加热，所以，它把一般功能机的多余功能全部删除，只保留必要的功能，并且考虑到该群体的特殊需求，增加了专业活水按摩、漏电保护功能等。再次，是产品造型层面，由于该群体与触摸键的视觉距离，身体的灵活性下降，所以，在针对按键部分进行设计时，不仅考虑了把它做到尽可能大，并且还把指向性较强的图标设计安排在按键中，使按键在使用时更精准、更易用。最后，是产品色彩及表面处理方面，关键功能按钮采用黄色，黄色不仅醒目，还能使用户在使用时心理得到温暖的感受。

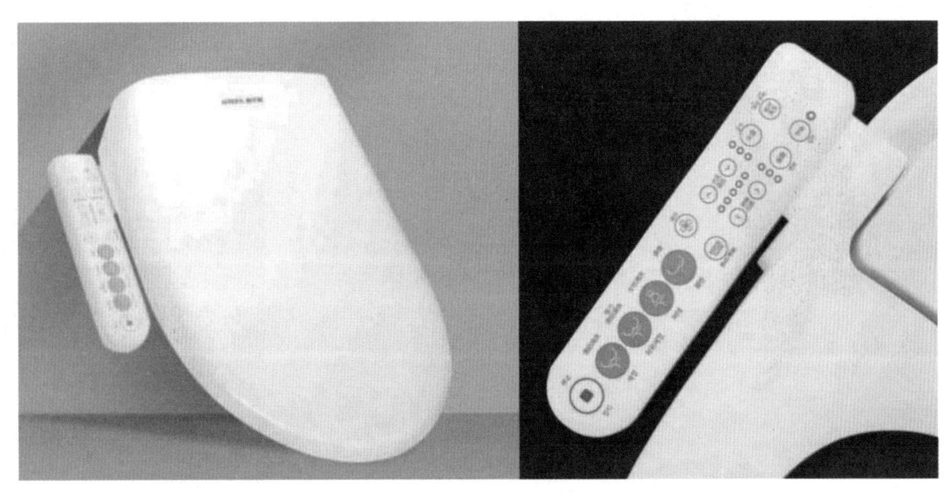

图4-5　智能马桶盖

2. 关爱——针对特定用户群和特定场景的设计

设计是为用户服务的，一切设计要以用户为核心，因此，在设计过程中必须把用户的心理、生理、行为习惯、思维方式等因素考虑在设计当中，从而达到用户与产品自然的交流，生理、心理、功能与情感的平衡，让用户感到舒适。例如，Eone公司针对盲人的Bradley timepiece手表设计，如图4-6所示。无论是外观造型还是功能使用，都充分考虑了残疾人的生理特殊性，使其在日常生活中不需要额外帮助，甚至不会引起大家的区别对待。设计师在观察盲人大学生上课的过程中，发现课上他们想知道时间而不能播放有声时钟报时，只能询问他人。同时通过和盲人的沟通发现他们对目前市场上已有的盲人手表的外形设计比较抵触，因为从手表的外形很明确显示佩戴者是盲人。通过此款手表的造型设计，巧妙地利用表盘上的金属珠体现分针，侧面的金属珠体现了时针，用手去触摸即可知晓时间。考虑到盲人的心理因素，造型上设计为正常样式的表盘，没有残疾人特殊符号性。

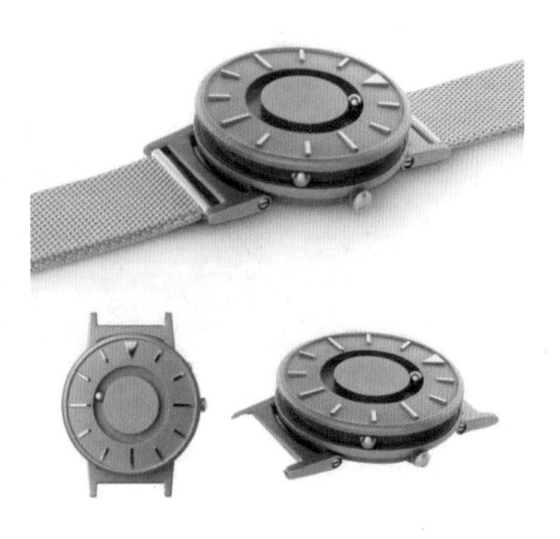

图4-6　盲人手表

3. 趣味——为平淡的生活带来一缕阳光

趣味化的设计方法并不直接解决某个特定的问题，它是基于用户本质需求的一种满足。例如，Desnahemisfera设计公司设计的创意羊角咖啡杯(如图4-7)，区别于市面上其他咖啡杯的特点是，其造型不再是方块或圆柱形。羊角咖啡杯使用了羊角形状，有助于人们将杯子里的最后一滴咖啡喝光。杯子中间用皮革制作的杯套是防水的，取下之后还可以做杯子的底座，让杯子安稳地放置于任何桌面上，如图4-8所示。

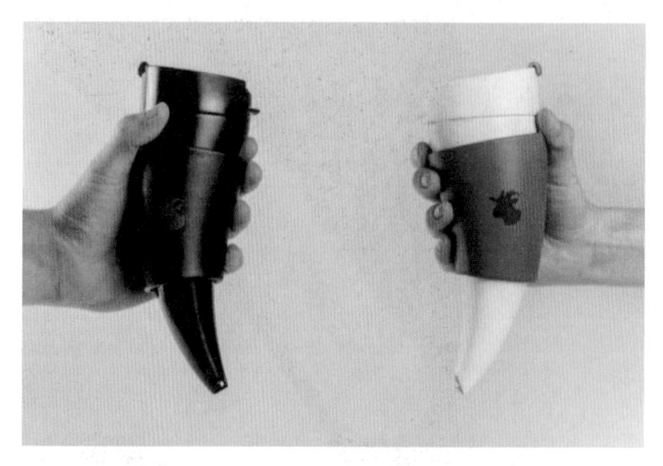

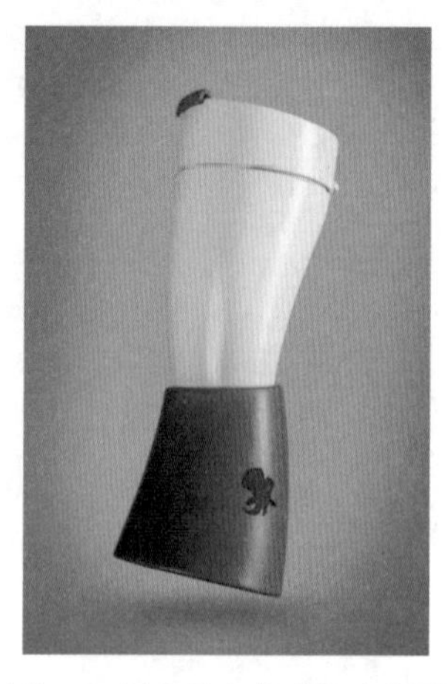

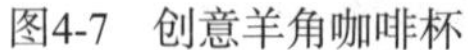

图4-7 创意羊角咖啡杯

图4-8 创意羊角咖啡杯功能图

4. 美化——不是所有的问题都需要解决

以日常生活中的干粉灭火器为例，它总是被放在不起眼的角落，用户在有需要时才使用它，容易被用户遗忘。通过对造型、色彩、使用方式上的美化设计，使灭火器与用户生活的场景紧密联系在一起。如图4-9为灭火器概念设计，将其设计为花瓶形式，具有装饰和实用功能，又能在发生危险时发挥作用。

图4-9 灭火器概念设计

4.3 用户角色的分析方法

用户角色和用户任务模型都是设计中十分重要的工具及方法，它们能够帮助设计师加深对目标用户的了解，明确设计方向，提高设计结果的可用性。设计师通过各种形式的用户调研，采用层次分析的方法，层层推进，直到确定得到较为具体的用户角色，并在整个设计活动过程中不断对其进行调整和修改，再根据初步得到的用户角色制作具体的用户任务模型。用户任务模型是特定的用户角色在面对设计成果时的操作过程，是在既有的用户角色的基础上得出的，能反作用于用户角色，帮助设计师对用户角色进行修正。本节通过比较用户角色与用户模型、用户画像，对用户角色进行深入解析。

4.3.1 用户分层

用户分层是用户运营中常见的一个概念，简单理解就是指将用户分为不同类型，并根据不同用户提供差异化的内容和服务。从用户活跃到盈利，不是两个简单的步骤。优秀的用户运营体系，应该是动态的演进。演进是一种金字塔层级的用户群体划分，上下层呈依赖关系。用户群体的状态会不断变化。以电商为例，用户会注册、下载、使用产品，会推荐、评价、购买及付费，也会注销、卸载和流失。从运营角度看，会引导用户(例如付费)，这种引导叫作核心目标，如图4-10所示。

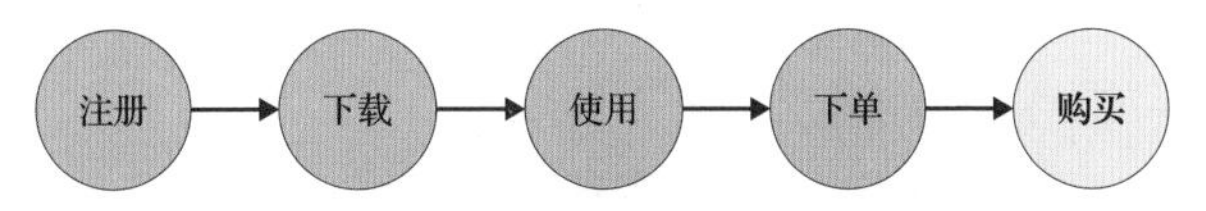

图4-10　用户使用产品的过程

不是所有的用户都会按照设想完成步骤，各步骤会呈现漏斗状的转化，把整个环节看作用户群体的演进。图4-11就是一个典型的自下而上的演进，概括了用户群体的理想行为。目前多数产品的用户群体已经不再是一个简单的整体，需要根据不同人群针对性运营。这既叫作精细化策略，也叫作用户分层，它对运营商的最大价值，就是可以通过对用户的不同分层有针对性地运用不同的策略和方法。例如对于新用户，期待新用户能下载产品，常用的策略是发放新用户福利；针对下载用户，期待用户能够使用产品，这需要产品设计师提供“新手引导”，让用户熟悉产品；针对活跃用户，希望加深用户使用产品的频率，运营人员需要持续地输出商业内容，固化用户使用习惯，并且使用户对产品内容感兴趣；针对兴趣用户，希望用户完成付费决策，运营需要使用不同的促销和营销手段来吸引兴趣用户；针对付费用户，同样也需要提供优质的服务来满足用户的需求。产品的商业化运营，同样会受资源的限制而往往选择核心群体，即那些付费的用户群体，核心群体所贡献的价值也较大。

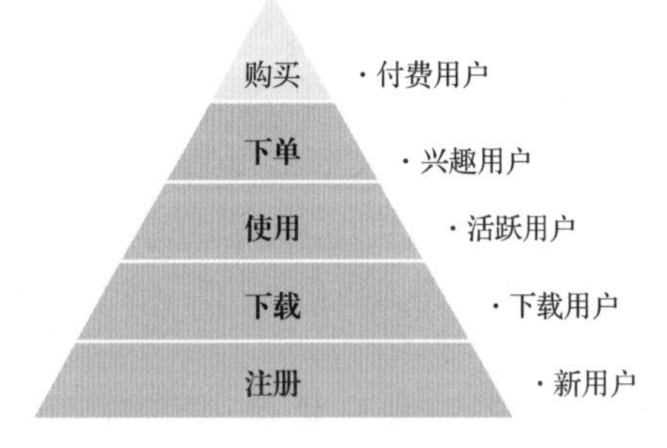

图4-11　用户群体演进

1. 层次分析法

层次分析法(analytic hierarchy process，AHP)，是指将与决策有关的元素分解成目标、准则、方案等层次，在此基础上进行定性和定量分析的决策方法。该方法是美国运筹学家匹茨堡大学教授萨蒂于20世纪70年代初，在为美国国防部研究“根据各个工业部门对国家福利的贡献大小而进行电力分配”课题时，应用网络系统理论和多目标综合评价方法提出的一种层次权重决策分析方法，将一个复杂的多目标决策问题作为一个系统，将目标分解为多个目标或准则，进而分解为多指标的若干层次，通过定性指标模糊量化方法算出层次单排序(权数)和总排序，以此作为多指标、多方案优化决策的系统方法。

层次分析法是将决策问题按总目标、各层子目标、评价准则直至具体的备投方案的顺序分解为不同的层次结构，然后用求解判断矩阵特征向量的办法，求得每一层次的各元素对上一层次某元素的优先权重，最后用再加权和的方法，递阶归并各备投方案对总目标的最终权重，此最终权重最大者即最优方案。层次分析法比较适合于具有分层交错评价指标的目标系统。用户在对社会、经济及管理领域的问题进行系统分析时，面临的经常是一个由相互关联、相互制约的众多因素构成的复杂系统。层次分析法则为研究这类复杂的系统提供了一种新的、简洁的、实用的决策方法。

2. 层次分析法的意义

产品的目标用户，是在设计产品之前就确定下来的。每个产品都有目标用户群体，在产品设计前需要针对性地对用户进行研究分析，以便为产品设计提供参考。用户角色的层次分析有利于设计师理解目标用户，对产品设计具有以下的意义。

(1) 用户角色的层次分析是所有后续产品设计的基础，具有目标导向性。

(2) 用户角色的层次分析可以相对精确地表达目标用户的需求和期望。

(3) 用户角色不是真实的人物，但是在产品设计过程中代表着真实人物。

(4) 好的用户角色定义可以让每个人都满意，有效地终结产品功能的争议。

以用户为中心的产品设计强调的也是通过场景去分析用户的行为，进而产生目标导向性设计。在对用户群进行分析的时候，会将用户群按照一定的角色进行细分，有时是为了在不同的产品阶段考虑不同角色用户的需求，而更多时候则是为了找准主流用户的需求。

4.3.2 用户角色创建的步骤

用户角色的创建大致可以分为：分类范围确定、数据收集、角色类型分析、角色等级评定和角色修饰五个步骤。

1. 分类范围确定

分类范围确定是指确定与产品或产品功能相关角色的分类。许多用户体验研究是将用户的心理特点(如经验、人格特点、价值取向等)和人口统计学特征(如年龄、性别、种族等)作为分类范围对用户进行分类。由于用户角色法是针对特定产品或特定功能，其用户角色的分类一般也是根据角色的目标(人物需求)和行为模式(具体行为、行为倾向)而进行。所谓角色的目标，即人物需求，指的是与特定产品或产品功能相关的用户的具体需求内容。这些内容可以通过如问卷法、访谈法、焦点小组法等定性研究获得。行为模式指的是与特定产品或产品功能相关的用户所做的行为频次或行为倾向。相比人物需求，行为模式更多的是外显行为。其中，行为频次可以通过定量研究(观察法、绩效测试法等)收集相关信息，而行为倾向则可以通过定性研究(学习日记法、访谈法等)收集相关信息。

2. 数据收集

数据收集是指运用心理学研究方法，对用户进行研究，收集用户目标与行为模式的数据。数据的收集需要考虑数据来源与数据类型两个因素。数据来源包括样本容量、取样人群与收集方式；数据类型包括定性数据、定量数据和经由定量数据转换而成的定性数据。

因此，研究者在收集数据的过程中不仅要考虑用户的目标是什么，还需要考虑用户的实际行为是什么。例如，可以通过问卷法、访谈法等去了解用户的目标与需求，同时通过学习日记、观察等方法记录用户在实际操作过程中更关注哪些。当用户需求与用户实际行为不一致的时候，需要在考虑需求的基础上，更多地关注用户的实际行为。

3. 角色类型分析

角色类型分析是指从大量数据中，根据特征之间的相关等级或相似程度，对用户进行分类，最终得到每一类用户所包含的典型特征。目前，分析角色常用的方法有德尔菲法、一般统计方法与聚类分析法三种。其中，德尔菲法(也叫专家意见法)采用匿名的通信方式征询专家小组意见，经过几轮征询，使专家小组的预测意见趋于集中，最终得出统一结论。一般统计方法通过描述数据的集中趋势、离散趋势和相关关系来确定行为与角色之间关系的紧密程度，从而确定角色特征。聚类分析，也叫集群分析，是一种多变量分析程序，在分析角色类型时，聚类分析通过计算不同角色之间的目标或行为的相似程度及其差异程度，将角色进行分类。

数据统计方法的选择与数据量大小、研究成本有关。德尔菲法成本比较低，能够在短时间内根据专家经验得到用户分类结果，对数据的依赖比较小，但其主观性较强。一般统计学方法有一定的数据支持，适用于数据量较小的情况。聚类分析属于高级统计方法，适合在数据量充足、数据关系复杂的情况下使用。

4. 角色等级评定

角色等级评定是根据产品或产品功能特征来评定不同角色的重要等级。如表4-1所示，这种评定通常在一个角色等级评定表上进行。一般针对某产品或产品功能会得到3～12个角色类型。在表中，可以根据角色类型特征与产品特征的相符程度打分(打分原则可根据实际需求改变。例如，2分表示非常符合，1分表示比较符合，0分表示无关特征，-1分表示比较不符合，-2表示非常不符合)。

表4-1　角色等级评定

类型	角色类型1	角色类型2	角色类型3	……
产品特征1 产品特征2 产品特征3 ……				
总计				

根据角色表中的每一类角色可以得到总分值，根据总分值可以将用户角色分为以下几类。

(1) 首要人物：针对产品或产品某功能的角色，它具有使用该产品或产品功能的典型用户的特征。在产品开发、设计和评估的过程中，要考虑首要人物的需求与行为模式。

(2) 次要人物：低于首要人物的角色，包含首要人物的一部分需求或特征。在产品开发、设计和评估过程中，在和首要人物不冲突的情况下，需要重点考虑的用户角色。

(3) 不重要人物：具有需要着重考虑特征的角色。在实际使用的过程中，对不重要人物的分类可以避免一些精力与经费的浪费。

(4) 反面人物：具有与某产品或产品功能相反特征的角色。反面人物可以帮助发现产品的不足，主要用于改进产品或产品功能。

5. 角色修饰

角色修饰指的是给角色等级评定表中某类角色增加一些修饰性的信息，使其看起来是一个独立、真实的个体。这些修饰的信息可以是角色的姓名、性别、种族、联系电话、电子邮箱等。有时还可以给角色附一张生活照，角色修饰可以使角色形象更加丰满。

用户角色分为定性人物角色、经定量检验的定性人物角色、定量人物角色。定性研究侧重于研究用户的态度和原因，定量研究侧重于研究用户的行为。用户角色是“目标用户”，这是一个“虚拟用户”，来源于真实的用户，是在对真实用户不断了解的基础上，通过分析聚类得到一个或几个目标用户，即定性研究——用户细分(用户分类)——创建人物角色。

4.3.3 用户角色分析的方法

1. 通用的用户分层模型

RFM模型(recency, frequency, monetary)(见表4-2)是用户管理中的经典方法，用于衡量消费用户的价值和创利能力，是一个典型的分群。它依托收费的三个核心指标：消费金额(monetary)、消费频率(frequency)和最近一次消费时间(recency)，以此来构建消费模型。

(1) 消费金额：消费金额是营销的黄金指标，该指标直接反映用户对企业利润的贡献。

(2) 消费频率：消费频率是用户在限定的期间内购买的次数，越常购买的用户忠诚度越高。

(3) 最近一次消费时间：衡量用户的流失率，消费时间越接近当前的用户，越容易维系与其的关系。

表4-2 RFM模型表

价值级别	消费时间R	消费频率F	消费金额M
重要价值用户	近	高	高
重要发展用户	近	低	高
重要保持用户	远	高	高
重要潜在用户	远	低	高
一般价值用户	近	高	低
一般发展用户	近	低	低
一般保持用户	远	高	低
无价值用户	远	低	低

RFM模型按照用户价值状况进行划分，如果将每项指标分为两个级别并进行组合，可以分为八种基础的用户类型，每项指标中的价值维度可以继续细分。例如，消费时间可以从笼统的远/近细化到一周内、一月内、半年内等，消费频率可以按照不同时间段内的复购次数拆分，消费金额也可以按具体额度范围继续拆分，如此再进行组合，将可以得到更加细致的分层，那么就可以针对不同价值级别的用户调整资源倾斜力度、运营策略等。

在坐标系中，三个坐标轴的两端代表消费水平从低到高，用户会根据其消费水平落到坐标系内，如图4-12所示。当有足够多的用户数据，可以划分为八个用户群体。例如，用户在消费金额、消费频率、最近一次消费时间中都表现优秀，那么该用户就是重要价值用户。如果重要价值用户最近一次消费时间距今比较久远，则该用户就变成重要潜在用户。

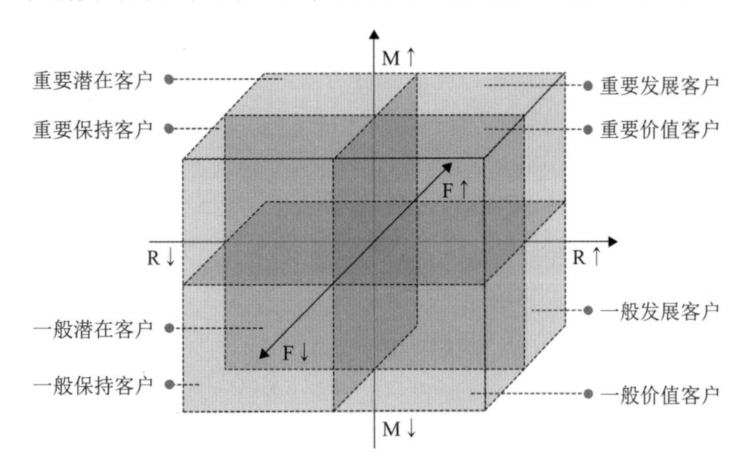

图4-12　RFM数据坐标系立方体

AIPL(awareness, interest, purchase, loyalty)模型(见图4-13)，其中，认知(awareness)针对全新用户；兴趣(interest)针对有过相关浏览、加购、关注等行为的用户；购买(purchase)针对有过下单行为的用户；忠诚(loyalty)针对有过较高复购行为的用户。

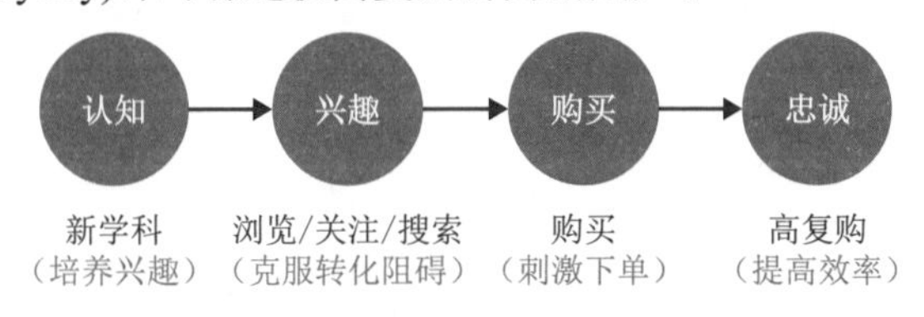

图4-13　AIPL模型流程

这个模型对应的也是用户的成长路径，每个用户都是从认知开始，引导用户不断往上一层发展，慢慢变成“购买”或“忠诚”。设计师可以根据不同阶段的用户诉求，设计更合理的内容，例如，针对认知型用户，可以进行种草推荐，激发用户的兴趣；针对兴趣型用户，需要了解用户未行动的原因，解决转化阻碍；针对购买型用户，需要唤醒用户需求；针对忠诚型用户，进行更多体验细节的优化。

AARRR(acquisition, activation, retention, revenue, refer)模型，其中，获客(acquisition)引入流量；激活(activation)刺激用户参与；留存(retention)减少用户流失；变现(revenue)提升下单转化；传播(refer)促进分享和复购。AARRR模型(见图4-14)，来自于增长的思路，一般来说，对应的是整个产品的用户生命周期，但也可以作为某一次活动的转化漏斗来使用。例如，在常见的大促活动中，它对应的就是发现—浏览—加购—下单—复购，各个环节也会对应具体的数据指标，需要做的就是找到各个环节增长的机会点，并进行体验上的优化。

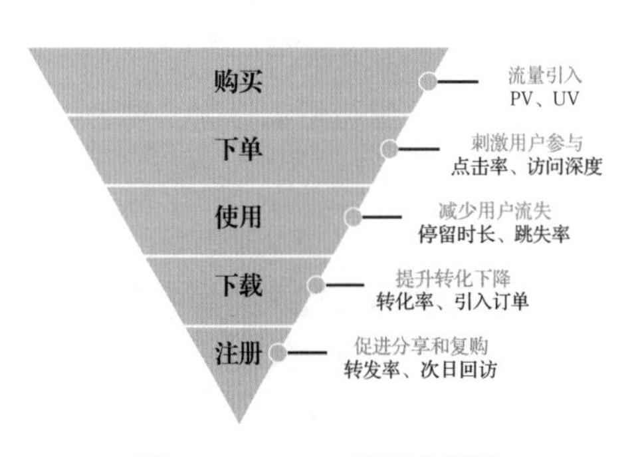

图4-14　AARRR模型示意图

2. 人群标签分层方法

上面的几种模型是从用户购物数据层面进行划分的，当模型确立后，用户的层级是相对固定的，主要存在一些占比和优先变化，只要掌握了模型就可以快速套用。但是在很多场景下，有更加个性化的诉求，这种绝对理性的划分方式并不适合，可以按照人群属性进行聚类的方式来分层，包括基础属性(性别、年龄、地域等)和购物属性(品类偏好、消费金额、消费动机等)。

根据基础属性标签与购物属性标签将用户进行分类，如图4-15所示。在这种方式下能够划分的用户类型会更加具象化，相当于给每类用户一个专属的身份标签，如品质男神、时尚女神等，根据用户的具体需求进行个性化的内容设计。至于人群标签划分的颗粒度要细到什么程度，则依据不同的业务需要来定。

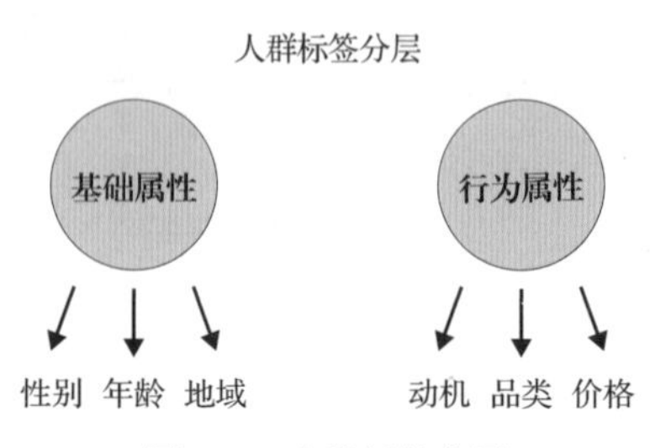

图4-15 人群标签分层

3. 定向分层方法

以上的一些分层方式，都是相对分类比较全面的，比较适用于用户量大的综合类项目，在一些小项目或有特殊需求项目中，也可以根据目标和问题进行定向分层，如图4-16所示。

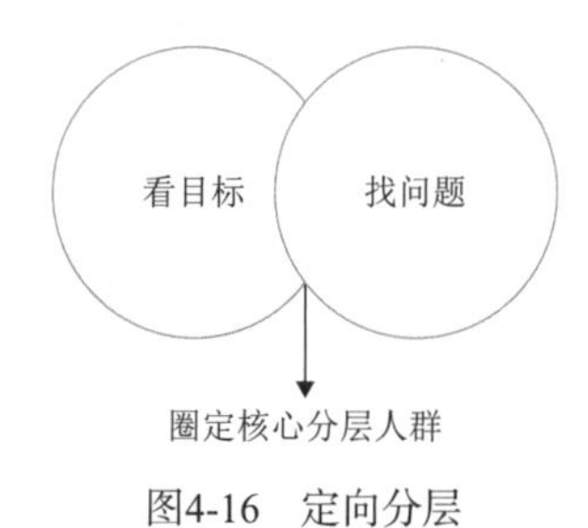

图4-16 定向分层

首先，可以根据业务目标来制订分层的方式，例如，活动目标是拉新，那么可以将用户划分为老用户和新用户，新用户可以按照来源渠道进一步分层；如果业务目标是进行市场下沉，则可以分层为一二线用户和下沉市场用户，下沉市场用户也可以进一步细分，这样的分层方式可以更加直接地聚焦到核心目标人群。其次，可以根据需要解决的重点问题进行分析，再有针对性地提炼分层维度，例如，某个活动的跳失率很高，那么可以去分析用户跳失率高的原因及补救措施。

4. 用户分层设计策略

1) 根据不同用户提供精准的内容

以网页内容的规划与运营为例，精准的内容是实现精细化运营核心、基础的要求。常规的活动会场，页面的内容是千篇一律的，所有人看到的都是相同的商品、品牌和优惠券。用户分层的设计思路，是根据分层用户特征来推导设计目标，进而制订具体方案策略，从内容上精准命中。以酒水品类活动为例，按照4A模型将用户分层为路人型(认知)、意向型(兴趣)、小酌型(购买)、酒鬼型(忠诚)，将进行内容层的匹配。

2) 不同用户规划差异化的浏览动线

不同用户的内容诉求不同，那么页面的组织结构自然也不同，基于前面的设计目标和方案策略，对页面的内容优先级、楼层顺序进行梳理，以匹配不同用户的浏览习惯、最大化地提升他们的浏览效率。例如，酒水活动中以“酒鬼型”和“路人型”为例，进行图表式内容分析，根据具体的条目对比，可以清晰地看到两种用户在内容上的差异。

3) 不同用户设计个性化的模块样式

在内容和框架确定后，最后就是具体模块的设计，这是容易被忽略掉的细节。很多时候都是做到框架的分层，原子模块基本复用，但是用户分层更加友好，是在模块的形式、信息结构上都可以追求更加极致的个性化，甚至颜色、图片风格等都可能对用户最后的决策造成不同程度的影响。例如，酒水活动同样是单品模块，也可以进行更加个性化的设计，如图4-17所示。

图4-17　个性化用户设计的模块

4.3.4　用户角色分析的应用

在对QQ音乐进行用户调研过程中，首先，对用户群体的性别比例、年龄分布、地域分布、用户使用场景进行调研。其次，对在线音乐用户的画像进行分析，如图4-18所示；对在线音乐用户听音乐的场景进行分析，如图4-19所示；用户在一天不同时间段内使用在线音乐App的时间分布，如图4-20所示。

图4-18　QQ音乐用户群体画像

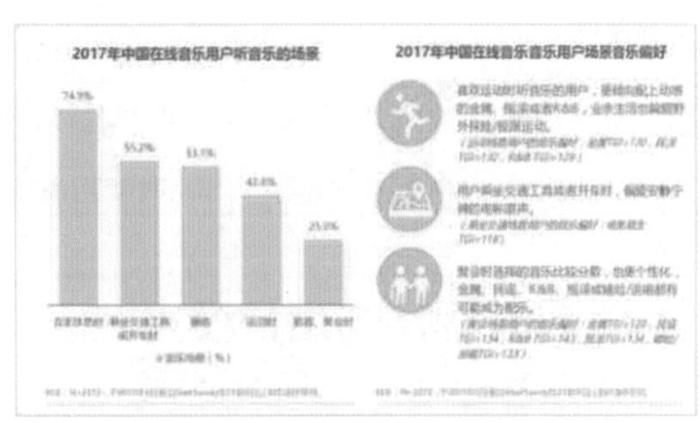

图4-19　QQ音乐用户使用场景

图4-20　QQ音乐用户使用时间分布

其次，通过对用户的基本信息和特征进行分析，对QQ音乐的主要用户进行分类：学生群体，学习和运动占据其主要时间，喜欢新鲜事物，易受同龄人喜好的影响；年轻职场白领群体，工作和交通出行占据其主要时间，生活节奏快，压力较大；中年职场白领群体，工作和交通出行占据其主要时间，工作压力相对年轻职场白领较小，具备较强的消费能力，追求生活品质。

再次，在用户分层的基础上归纳总结用户使用QQ音乐软件的各种不同的需求：核心需求，包括发现音乐、消费音乐、管理音乐等；个性化需求，通过个性化设置满足用户使用音乐App而得到的差异化待遇；音乐社交需求，通过使用App发展以音乐为主的兴趣交友互动；反馈需求，主要表现为在使用产品时遇到问题向产品方申请并获得及时帮助；娱乐化需求，即除了听歌外，用户在产品平台上进行与音乐相关的娱乐活动。

最后，根据前期的市场调研，可以将QQ音乐用户角色划分为普通用户、主流用户、核心用户，不同的用户对应不同的用户需求，如表4-3所示。

表4-3　QQ音乐用户角色的划分

用户分层	用户需求
普通用户	具有打听消息、获取信息的本能，即使这类用户对音乐的热爱程度不高，但仍然具有“八卦”的本能，对音乐周边的信息也有着好奇心
主流用户 (比较感兴趣)	除了对音乐圈的基本信息有了解需求之外，对细分的音乐领域也有深入了解的需求
核心用户 (专业人士)	相比主流用户，他们除了热爱音乐之外，同时也具有内容生产能力，这类用户除了对粉丝量、作品阅读量(满足自身成就感)有需求外，对收益部分也有需求

4.4　设计程序与用户模式

4.4.1　用户研究的流程

(1) 前期用户调查。方法：访谈法(用户访谈、深度访谈)，背景资料问卷；目标：目标用户定义、设计客体特征的背景知识积累。

(2) 情景实验。方法：问卷访谈、观察法(典型任务操作)、有声思维、现场研究、验后回顾。目标：用户细分、用户特征描述、定性研究、问卷设计基础。

(3) 问卷调查。方法：单层问卷、多层问卷；纸质问卷、网页问卷；验前问卷、验后问卷、开放型问卷、封闭型问卷。目标：获得量化数据，支持定性和定量分析。

(4) 数据分析。方法：常见方法有单因素方差分析、描述性统计、聚类分析、相关分析等梳理统计分析方法，其他方法有主观经验测量(常见于可用性测试的分析)、动作分析系统操作任务分析仪、眼动绩效分析仪。目标：为用户模型建立依据、提出设计简易和解决方法的依据。

(5) 建立用户模型。方法：任务模型、思维模型(知觉、认知特性)。目标：分析结果整合，指导可用性测试和界面方案设计。

4.4.2 用户研究的方法

丹麦用户研究专家——雅各布•尼尔森提出了用户研究的三个维度：态度与行为维度、定性与定量维度、网站或产品的使用背景维度(指在研究中是否使用产品或如何使用产品)，本节基于这三个维度建立坐标系，对用户研究中的常用方法进行阐述。

1. 案头研究

案头研究，属于市场研究领域的概念，在用户研究中也能经常用到。它是对已经存在并已经为某种目的收集起来的信息进行的调研活动，也就是对二手资料进行搜集、筛选，并判断他们的问题是否已局部或全部解决，最后以案头报告的形式呈现。案头研究的资料获取渠道相对来说比较多，包括免费查询的公开调查、政府统计报告、学术文献、购买数据库及市场分析报告等，其涉及范围比较广，但是针对性较差。

2. 问卷调查

问卷调查是一种搜集事实材料的方法，以书面形式向“被问人”提出问题，并要求“被问人”也以书面形式回答问题。问卷调查可以使研究人员对目标群体有一个总体理解，为后续的观察和访谈提供背景资料支持，有助于观察的针对性和访谈提纲的撰写。问卷调查的传递方式比较多(例如：个别发送法、集中填答法、当面访问法、电话访问法、网络访问法)，速度比较快，可以在较短时间内得到大量的数据资料。由于问卷的问题和答案都进行了标准化的设计，所得到的资料也能便于定量分析。问卷调查的问题通常为封闭式的，适合用户的信息收集，但不够深入，一般只能获得某些明确问题的答案。所有数据来自于用户自己的陈述，而不是完全的实际行为，用户很多时候不能充分表达自己的意见，用户的答案不一定完全就是他们真正所想的，所以问卷调查主要用于定量研究。

3. 用户观察

用户观察是有目的、有计划地通过对“被试者”的言语和行为进行观察、记录并判断用户心理需求的研究方法，这是获得感性材料的基本方法，既可以帮助用户研究人员观察到用户的真实行为和典型的目标，也可以帮助他们了解用户的观点和行为之间的关系。用户观察可以在实验室条件下，通过用户的行为，观察和分析他们使用产品的情景，提取用户的行为特征。用户观察按被观察对象是否处于受控制状态分为有控观察和无控观察。有控观察是指对被控制对象进行的观察。有控观察的优点是能按照研究人员的意愿控制某些条件，以观察被控对象所发生的变化，这种观察有利于发现事物变化的因果关系，但是在人为限制下，被观察者的行为和活动容易受到干扰，所获得的事实材料会受到影响。无控观察即自然观察，是指对处于不受人为影响的自然状态下的对象进行的观察。在无控观察中，被观察者并不会意识到自己正在被人观察，其行为和活动不受约束，因而容易得到真实、可靠的事实材料。例如，在家居设计的用户研究中，用户研究人员需要了解用户真实的主观感受，因此无控观察的应用更为普遍。

4. 用户访谈

访谈法是用户研究人员通过与受访人进行有目的的口头交谈来搜集事实材料的方法，在了解人的观点、意见、态度、动机、心态时，可以通过用户访谈得到比较真切的材料。用户访谈通常采用访谈者与被访者一对一聊天的形式，一次用户访谈的样本通常比较少，一般是几个到几十个，但在每个用户身上花的时间比较多，通常为几十分钟到几个小时(有时需要进行深度访谈)，围绕着几个特定的话题。用户访谈是一种典型的定性研究，它通过较少的投入就可以获得用户对于产品的看法，不论是在新产品开发期的产品方向讨论，还是在定量的数据分析发现现象之后探索原因，用户访谈都可以发挥它的作用。在用户访谈之前，用户研究人员需要设计一份合理的访谈提纲，在用户访谈之后，用户研究人员也要给出一份用户访谈报告。

5. 焦点小组

焦点小组是指参与者被限定在一个小的范围内，被问及对于某个产品、服务、概念、品牌或广告的反应。焦点小组是一种特殊形式的用户访谈，可以在短时间内集中获取大量可靠的分析资料，是一种经济且有效率的用户研究方法。作为一种典型的定性研究方法，焦点小组的优势与劣势同时存在。在产品的开发期，焦点小组帮助识别和区分产品特点的优先次序，了解目标用户的需求，从而了解到用户为什么看重产品的某些特征，能够帮助决定什么重点研发，以及产品特征的次序。同时，焦点小组可以充当头脑风暴，参与者可以通过讨论产生更多的设计思路。焦点小组可以揭示竞争对手的产品中有价值的地方和不足的地方，对于自身产品的开发也是很好的参考依据，这一点在产品开发期非常重要。然而，焦点小组是一个探索性的过程，有利于深入理解用户的动机和思维过程，但它的结果不能代表大多数人群，也不适用于需要证明某一论点的情况。在人员安排上，除了被试用户，还需要有一名主持人和一名观察员。最后，焦点小组结束后需要整合讨论意见，得出焦点小组的分析报告。除了物理性质的焦点小组，互联网的发展也使网络焦点小组成为焦点小组的一种新形式。网络焦点小组没有地域限制，在一定程度上可以节省用户研究的预算，如图4-21所示。

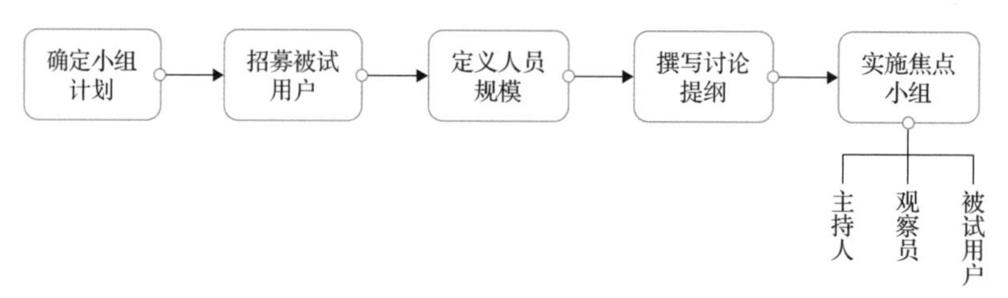

图4-21　焦点小组实验流程

6. 可用性测试

可用性测试是让用户在一定场景下使用产品，通过观察、记录和测量来评估产品的可用性的方法，如图4-22所示。其目的是发现用户在使用产品时的需求、偏好、痛点，为进一步设计提供思路，节约开发成本。根据定义，可用性是指在特定环境下，产品为特定用户用于特定目的时具有的有效性、效率和主观满意度。有效性是用户完成特定任务和达成特定目标时具有的正确和完整程度。效率是用户完成任务的正确度与所用资源(如时间)之间的比率。主观满意度是用户在使用产品过程中所感受到的主观满意和接受程度。例如，在家具设计中，这三个参考指标可以这样理解：有效性指的是家具产品的功能是否完整，效率指的是家具产品是否方便易用，主观满意度即被试者对该产品的接受程度。可用性测试属于典型的定性研究。按照参与可用性测试的人员划分，可以分为专家评估和用户评估，在实际工作中，要根据实施情况对参与测试的人员进行选择。

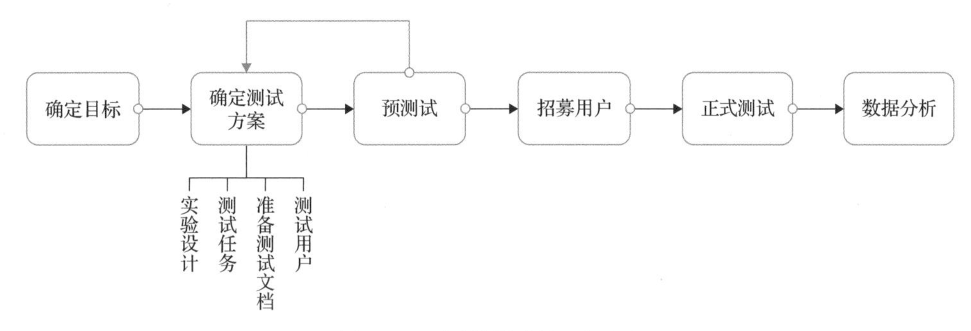

图4-22　可用性测试的一般流程

7. 角色法

角色是能代表大多数用户的原型用户。通过角色，设计师能站在用户的角度思考问题，将注意力集中在用户需求的目标上，这样能降低设计师依靠直觉、凭空想象设计产品的风险。角色法在用户研究中通常包含三个阶段：角色建立、角色描述和角色使用，如图4-23所示。角色通常是虚拟的，是从真实的用户中提炼出来的形象。通过建立用户角色和用户心情广告牌，设计师便对用户有了一个形象的把握，以便进行深入的设计工作。在用户研究中，角色设计的结果往往揭示了用户行为的趋势，指出这种产品的成绩和不足，最后角色设计成为一个完整的故事，这个故事则是最终产品的预想体验。

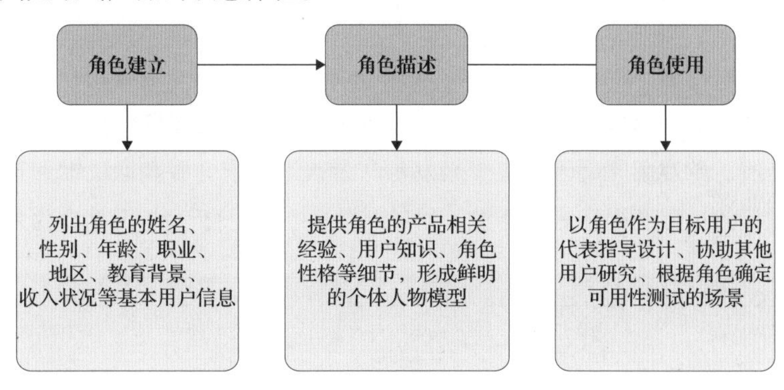

图4-23　角色法的三个阶段

8. 情境法

情境法是一种技术手段，通常在开发过程的早期阶段，通过使用情境具体描述未来系统的使用情况。在设定的某个情境下，思考产品如何在情境中使用，如何发挥作用，这样可以避免设计师在构思产品的时候脱离实际。同时，可以根据设定的情境招募用户进行可用性测试，也有利于用户对产品进行评价，发现问题。情境法的使用可以分为三个阶段，即情境建立、情境描述、情境使用，如图4-24所示。情境建立是初始阶段，需要得到情境中的建筑环境、使用环境、任务环境等基本信息；情境描述就是对情境的细化，需要描述用户使用产品的目标和可能进行的操作；细化情境之后就可以全面运用，例如，制作情境拼图、设计可用性测试的环境和任务、组织用户访谈等。

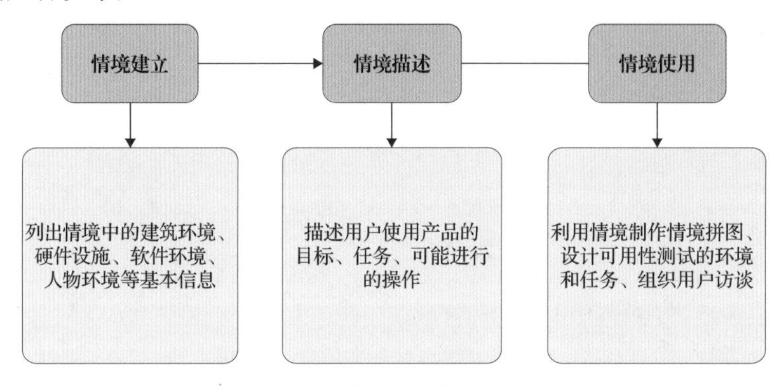

图4-24　情境法的三个阶段

9. 参与式设计

参与式设计(图4-25)是19世纪末期兴起于北欧国家的一种设计理念，在工业设计领域，这一理念逐渐被接受并应用于城市设计、景观设计、建筑设计、软件开发、产品开发等领域。参与式设计让用户与设计师、研究人员、开发者合作，表达对产品的期望和需求，并且不同程度地参与到产品的设计和决策过程中，与设计、研究人员共同完成产品设计，倡导将用户更深入地融入设计过程中，培养用户的主人翁意识，激发并调动他们的积极性和主动性。作为一种重要的研究方法，参与式设计不仅转变了设计师的意识和工作方式，还为用户研究人员提供了更广阔的观察视角和研究手段。它不仅关乎产品功能本身，同时关乎用户的使用体验。在参与式设计中，设计师需要与用户合作共同构筑情景和讨论设计，用户研究人员也需要参与其中。参与式设计类似于焦点小组的组织形式，将符合条件的用户邀请到实验室。主持人介绍此设计目的、阐释产品的基本目标、询问用户相关的行为习惯、发放素材并引导用户设计。用户将自己设计的原型和主要功能介绍呈现于纸上，并轮流阐述自己的设计思路。用户研究人员可以采用图片、故事、表演、游戏和原型等方法来激发参与者表达需求，并获取反馈和建议。这些方法可以使参与式设计的过程变得富有趣味性，目的是使参与者乐于参与设计，为参与者提供较好的设计氛围。

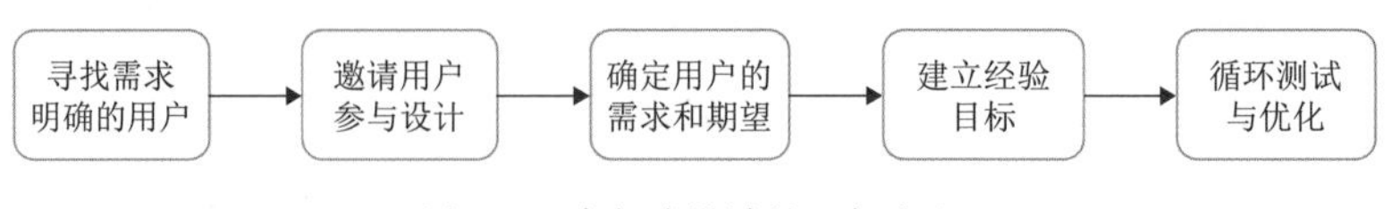

图4-25　参与式设计的一般流程

4.4.3　用户角色的构建

1. 基本构建流程

用户角色基本流程的构建，首先，基于课题的主题进行定性的研究，如用户访谈、用户跟踪、观察法、电话访问等方式；其次，根据前面阶段的定性内容，进行用户群的细分活动，如年龄层的划分、职业的划分、偏好的划分、城市的划分等；再次，根据前面用户群体的细分条目，再根据典型用户群体的特征找出代表性的用户特点等；最后，根据以上的三个阶段，为每一个细分的群体创建典型人物的角色定位，即构建角色的类型，如图4-26所示。

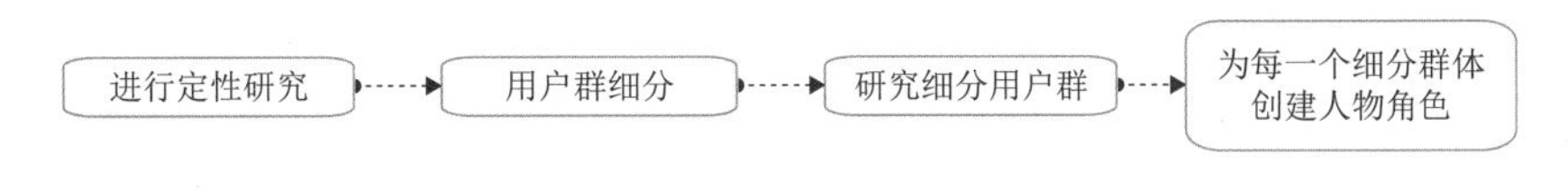

图4-26　用户角色基本构建流程

2. 角色构建类型

1) 定性人物角色

从最传统的方法入手，许多企业创建人物角色时都会遵从以下步骤。

第一步，定性研究。用户访谈是常用的定性研究形式，因为一对一地与10 ~ 20个用户谈话，对大多数的公司而言比较容易。一些企业用现场调查来代替用户访谈，而选择的地点则是用户最熟悉的环境(办公室或家中)，这样当用户研究者询问与目标和观点有关的问题时，可以同时观察用户的行为。另外，也可以在进行可用性测试的时候观察用户。

第二步，在定性研究的基础上细分用户群。用户细分技术都是从选取大量的数据开始，然后根据每个群体中描述的用户的共同点创建用户群组。对人物角色而言，细分用户的目标就是找出一些模式，将相似的人群归集到某个用户类型中去。这种细分群体的基础通常是他们的目标、观点和(或)行为。对于定性人物角色，用户细分是一个与性质有关的过程。

第三步，为每一个细分群体创建一个人物角色。当为用户的目标、行为和观点加入更多细节后，每个类型的用户群就会发展成一个人物角色。而当再赋予人物角色名字、照片、场景及更多资料以后，每个人物角色就会变得栩栩如生。

定性人物角色适用情景，如图4-27所示。第一，企业无法在人物角色上投入更多的时间和金钱。第二，对构建的人物角色保持信任，而不需要了解量化的数据。第三，在使用人物角色方面的风险不高，所以没有量化的证据也可以进行。

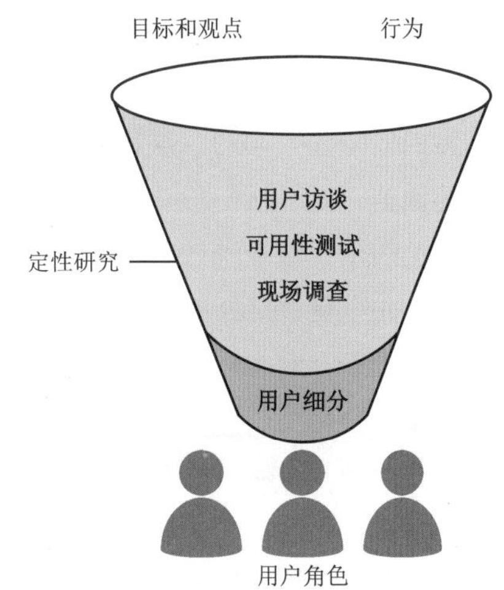

图4-27　定性人物角色构建方法示意

2) 经定量验证的定性人物角色

经定量验证的定性人物角色的方法可以使人物角色具有更加量化的客观成分，主要步骤包括：第一步，进行定性研究。与第一种方法相同，从进行定性研究开始，去揭示用户的目标、行为和与观点有关的直观感受。第二步，在定性研究的基础上细分用户群。使用同样的定性细分方法来做，最终得到基于特定用户的目标、行为和(或)观点的一定数量的细分用户群。第三步，通过定量研究来验证用户细分。通过一次调查问卷或其他形式的定量研究方式，用更多数量的样本来验证细分用户模型，以进一步保证它所反映的事实的准确程度。这件事的目的是核实这些被细分的用户群确实是各不相同的，并且能得到一些证据，来证明创建的人物角色的科学性。第四步，为每一个细分群体创建一个人物角色。当进行定量研究来创建更接近真实情况的人物角色之后，就能更加确信决策已经具有统计学意义。人物角色不再是简单的虚构作品，而是拥有证据支持的研究结果的混合体，减少了犯错误的概率。使用该方法，为人物角色增加了一些科学依据，减少了艺术创作的成分。虽然这些细分用户群的来源仍然是定性研究，但是用定量的方法获得了支持决策的证据。

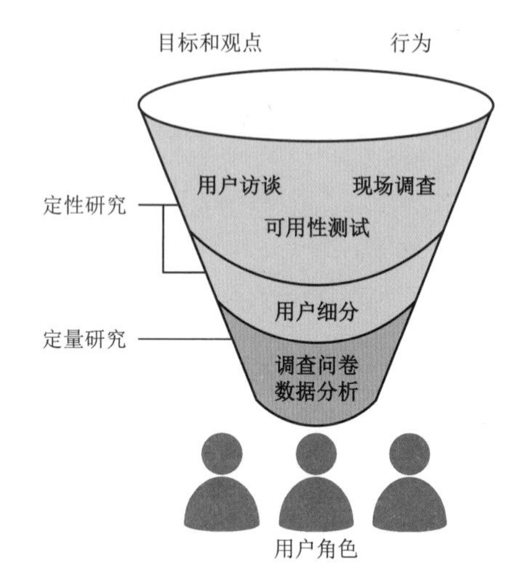

图4-28　经定量验证的定性人物角色构建方法示意

经定量验证的定性人物角色适用情景图，如图4-28所示：第一，能投入较多的时间和金钱。第二，需要看到量化的数据才能相信和使用人物角色。第三，确定定性细分模型是正确的。

3) 定量人物角色

定量人物角色是适合于创建人物角色的方法。为了找到对创建人物角色最有用的用户细分模型，将使用统计分析的方法一次性地测试多个模型，而不是测试关于某个细分模型的定性假说。基础步骤如下。

第一步，进行定性研究。再一次定性揭示对用户的目标、行为和观点的直观感觉。

第二步，形成关于细分选项的假说。与立刻决定最终的细分模型不同的是，用定性研究来得到各种有可能用于细分用户的方式。这样做的目的是得到一个用于定量分析的、具有多个细分选项的列表。

第三步，通过定量研究收集细分选项的数据。对于每个可能的候选细分选项，需要在调查问卷中提出某些特定的问题，或需要用网站流量统计结果来回答某些特定的问题。例如，用户的上网经历有可能成为细分的一种方式，那么在调查问卷中就应该有一个问题是关于用户使用网站的经验和频率的。这种方法中的定量研究不是试着去证实什么，而是为下一个步骤收集更多的数据。

第四步，基于统计聚类分析来细分用户。在这种方法中，统计算法在帮助得到细分模型上扮演了一个更加活跃的角色，而不只是证实已有的假设。简单地说，这个过程就是将一组变量放进机器里，它会自行寻找基于一些共同特性而自然发生的一组聚类数据。它会试着用不同的方式来细分用户，并且执行一个迭代的过程，寻找一个在数学意义上可描述的共同性和差异性的细分模型。最终可能获得的是数量不确定的聚类类别和属性，来作为这些数据之间的关键差异。这是一个有些复杂的迭代过程，同时很大程度上仍然受执行方式的影响。但它与其他方法有了本质上的不同，因为这种细分方式是由人为和数据两方面来共同推动的。

第五步，为每一个细分群体创建一个人物角色。当这些聚类分析产生细分群体后，通过与之前相同的程序提取数据，并使其逼真、可信，加入人物角色的姓名、照片和故事，将这些电子表格变成真实可信的人物。

当企业越来越多地依靠人物角色来决定整个战略决策和市场计划时，定量人物角色会因为更科学、更严谨而变得更普遍。在众多的企业中，由于引入定量方法而增加了人物角色的客观性，这使人物角色的创建过程与数据驱动的决策可以更加紧密地结合起来。定量人物角色的使用频率也将提高，因为随着研究技术的持续发展，企业能得到的与用户有关的变量数目只会越来越多。在一次性处理许多变量方面，机器比人类做得更好。

图4-29为定量人物角色适用情景：第一，企业愿意投入时间和金钱。第二，需要量化的数据才能相信和使用人物角色。第三，希望通过探测多个细分模型来找到最合适的那个。第四，认为人物角色将由多个变量来确定，但是不确定哪个是最重要的。

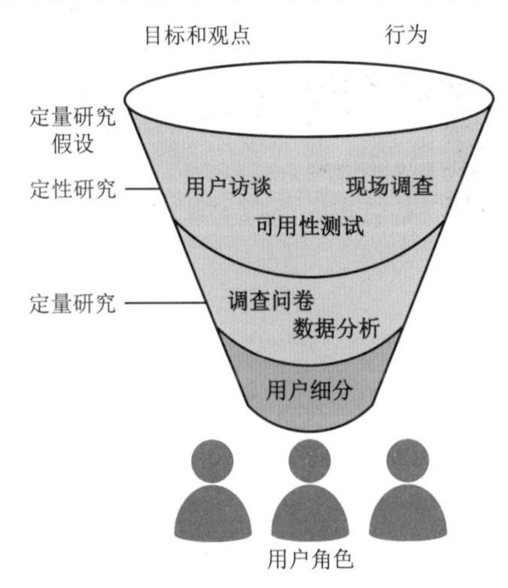

图4-29　定量人物角色构建方法示意

目前设计学科的发展趋势之一是科学化、理性化，这要求用更加客观实际的观点进行设计。在整个产品设计流程中，用户角色和用户任务模型可以理解为进行用户研究、产品使用流程设计的重要方法和工具，它们帮助设计师用更加科学化、数量化的形式进行设计活动，提高设计结果的可行性，使其最大限度地满足设计项目的初始目标。

用户角色能够帮助设计师找准设计方向。如今创建用户角色的方法有很多，无论是用户访谈、问卷调研、大数据分析等，不同的设计项目侧重的方法也各有不同。本章在阐述用户角色时，也提到了与之相近的用户模型、用户画像等概念，并对其三者进行了浅显的解释分析。在查阅相关资料的过程中，作者发现国内鲜有关于这三者的对比分析，这表明我国对于设计的方法论方面的研究尚有不足，设计师在具备动手操作能力的基础上，也需要具备相关的理论知识。

第5章

产品设计程序

主要内容：讲解产品设计程序的基础知识、研究方法及评价。

教学目标：让读者掌握产品设计的整个流程，了解产品设计流程的研究方法，同时掌握产品设计程序的评价模式和方法。

学习要点：掌握产品设计的整个流程和程序，了解产品设计流程的研究方法，以及掌握产品设计程序的评价模式和方法。

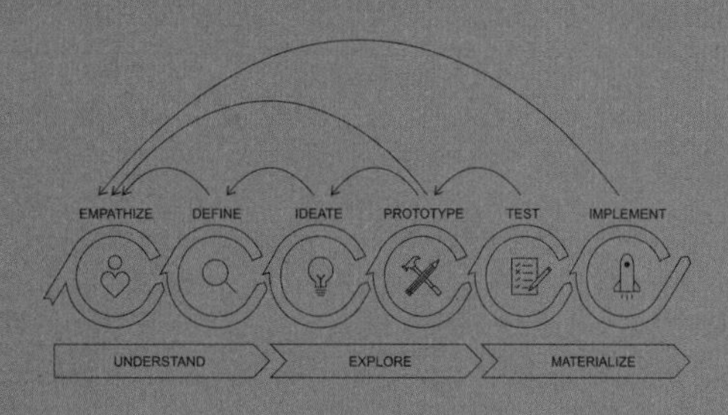

Product Design

5.1 认识产品设计程序

随着5G时代的到来，产品与产品之间的竞争日益加剧，产品功能过多，增加了后续维护和迭代的难度，传统的产品设计程序方式必然对个人及集体带来更多的负面影响，因此，产品的开发过程也会发生相应的变化。在新时代的产品开发程序中，需要调整现有的产品设计程序或选择新的产品设计程序，以满足用户的需求，设计出大多数用户满意的产品，这也是企业提高生产效率、满足市场要求的关键。

产品设计是一个目标或需要转换为一个具体的物理形式或工具的过程，是一种创造性活动，即通过多种元素，如线条、符号、数字、色彩等方式的组合，将产品的形状以平面或立体的形式展现出来。现代的产品设计覆盖面比较广泛，从复杂的航空航天设备到日常生活中的生活用品，从功能型实体设计到互联网虚拟性产品设计等，都属于产品设计的范畴。

产品设计开发的要素主要包括人的要素、技术要素和市场环境要素。首先，要满足的是人的心理需求、行为意识、价值观、生理特征等。其次，是产品设计的实现要考虑当前时代下的技术要素，包括生产的材料、加工工艺、产品形态、承载条件等，这些因素都会直接影响最终的产品质量。第三，是市场环境要素，产品设计的成功与否不仅与产品本身有关，也与企业和外部市场环境有不同程度的相关性。产品设计程序是一个逻辑缜密、科学的系统。产品设计程序的相关内容都有哪些？一般设计基本程序是怎样的？让我们带着这些问题开始本章的学习。

5.1.1 产品设计程序的相关内容

程序是指在工业品生产中，从原料到制成品各项工序安排的流程。国际标准化组织在《ISO9001：2000质量管理体系标准》中给出的定义是："程序是一组将输入转化为输出的相互关联或相互作用的活动"。产品设计程序即产品从前期准备到实物落地、验收、投入市场的过程。一个高效的新产品开发程序是决定新产品开发是否成功的重要因素。近年来，许多新产品的开发程序或模型都已经被提出。

1. BAH模型

在已提出的新产品开发程序模型中，最著名的是1982年由博兹(Booz)、艾伦(Allen)和汉密尔顿(Hamilton)提出的BAH(三人人名的简写)模型，用于了解产品开发生命周期中的关键阶段。BAH模型包括七个基本阶段，描述了从产品构想到市场所有环节的活动，如图5-1所示。

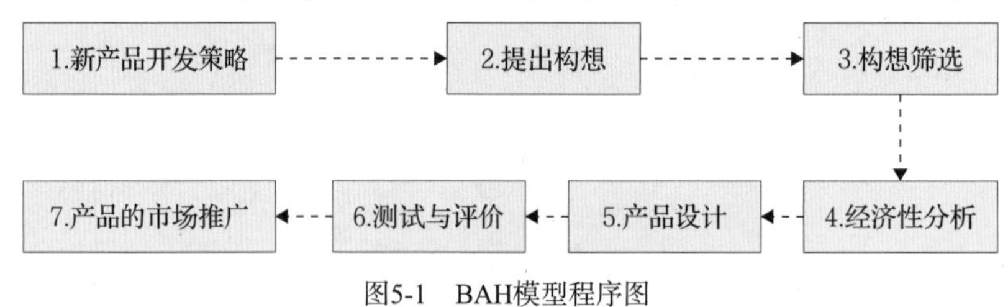

图5-1 BAH模型程序图

第一阶段是战略层面的产品开发策略；第二阶段是提出构想，在这一阶段是基于第一阶段的深入部分，主要侧重产品设计的深入部分，通过对构想的多重分析，来匹配企业战略目标；第三阶段是对构想的评价与筛选，在这一阶段产品则更加明确企业的自身特征、自身条件；第四阶段是经济性分析，在这一阶段主要挑选满足企业财务的方案；第五阶段是产品设计阶段。经过前面一系列的分析，已经将产品概念的各方面特征描绘得更加明确，在这一阶段，设计师通过前四个阶段的结果将产品概念转化为产品实体，设计师完成之后，由工程人员来制作产品原型、选择工艺程序等；第六阶段为测试与评价。测试与评价的主要目标是，对本项目的产品功能进行测试及后期产品投入市场后，用户对产品的满意度进行评价；第七阶段是将新产品推向市场，进行市场推广和市场运营。

2. U&H模型

厄本(Urban)和豪泽(Hauser)于1993年提出了新产品开发的决策程序，分五步：第一步叫作“机会识别”，包括寻找市场缺口，提出可以填补市场缺口的构想；第二步是设计阶段，这一阶段的主要任务是对用户需求进行全面的分析研究、设计产品、开发新的市场营销策略、产品定位；第三步和第四步分别为测试与推广，主要是为了方便规划和追踪产品的推广活动，广告宣传、产品测试、推广前的预测和市场测试要同时进行；最后，将市场推广阶段扩展为生命周期管理，以便企业可以随时监控产品和市场的动态，从而做出相应的措施调整。与BAH模型相比较，U&H模型包含更广泛的内容，特别是在最后阶段提出超出BAH模型的“生命周期管理”的概念，暗示了产品设计不是一个孤立的阶段，而是与产品开发的其他阶段相辅相成的。

3. “门径管理程序”模型(Stage-Gate)

加拿大的新产品开发专家罗伯特•G.科珀，于1993年提出了“门径管理程序”(Stage-Gate Process)。现在该管理程序被许多国际知名的大公司采用，包括嘉士伯、柯达、乐高、朗讯、微软、惠普、杜邦等众多知名企业。该系统以BAH模型为基础，通过第二代和第三代的不断细化，发展成为适合较复杂的新产品开发方案的模型。科珀的Stage-Gate模型与BAH模型一样，也分为几个阶段(通常是4～6个)，但是科珀在程序中引入了gate的概念。gate是程序中一些不同的点，在每一个gate处，有一个gatekeeper负责对项目的进展做出评价，决定继续或终止该项目。“门径管理程序”的各个主要阶段如图5-2所示。

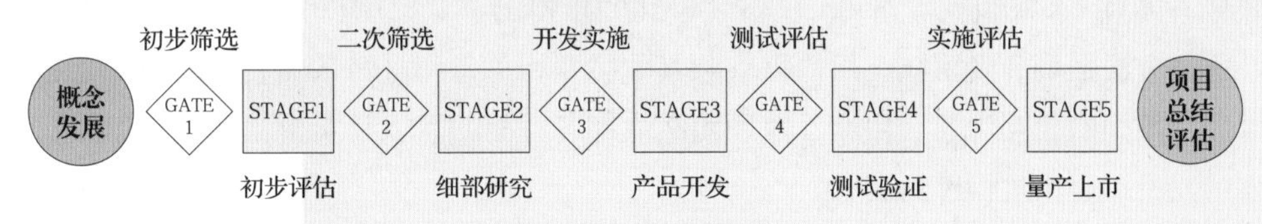

图5-2　门径管理程序

该程序强调概念发展阶段的重要性。概念发展阶段是指通过科学的方法进行新产品创意、构思的搜集和筛选，并在大量的市场调查研究的基础上进行严格的筛选和优化，确保最后进入开发阶段的是在技术、商业、财务等方面都是值得实施的项目。该程序要求对开发的项目必须进行取舍，不能把有限的资源分散在太多的项目上，形成资源瓶颈，延长开发周期。这个产品开发程序是一个串行的、没有回溯的程序，因此，在实际的设计过程中，这个程序的局限性比较大。同时这个程序没有强调各个部门之间的合作，这样会在一定程度上给企业造成潜在的开发投资风险。

4. 以用户为中心的一体化产品开发程序

一体化产品开发(integrated product development, IPD)是一套产品开发的模式、理念与方法。IPD的思想来源于美国PRTM公司提出的一套系统性的研发管理思想和方法——产品及生命周期优化法(product and cycle-time excellence, PACE)，该方法详细地描述了这种新的产品开发模式所包含的各个方面。1992年，IBM公司遭受了巨大的经营挫折，为了重新获得市场竞争优势，实施了以系统性研发管理解决方案为核心的企业再造方案，即在研发管理方面，系统引进产品及周期优化法，并获得了巨大的成功。一体化产品开发系统具体包括异步开发、公共基础模块、跨部门团队、结构化流程、项目和管道管理、客户需求分析、优化投资组合几个方面。一体化产品开发框架如图5-3所示。

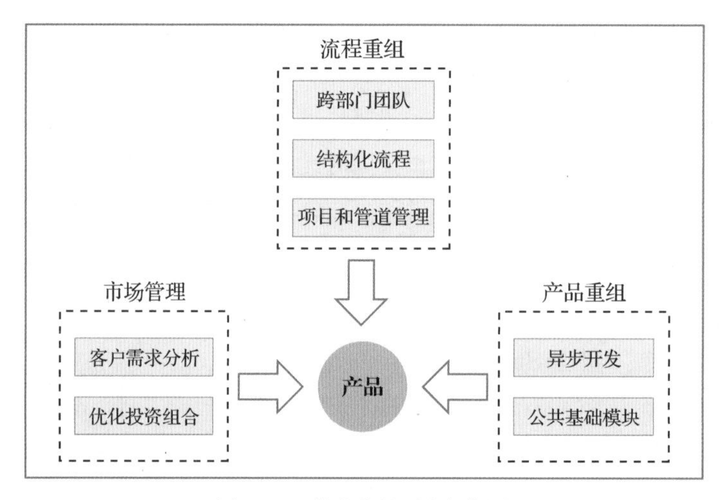

图5-3　一体化产品开发框架图

但是这套IPD系统有着很大的局限性，由于针对的产品主要是计算机硬件产品或技术推动型产品，其开发风险相对较低，客户的意见在其中并不占主导地位，因此这个开发程序对其他产品类型的支持较弱，在其开发过程中具有很大的局限性。在这种情况下，美国卡内基-梅隆大学教授乔纳森•卡根和克雷格•M.沃格尔于2002年提出了“以用户为中心”的一体化新产品开发。这种方法强调开发团队在用户需求和其他主要相关者利益的基础上进行多专业的合作，要求通过领域间的相互沟通、协商，兼顾团队内部各方面的需求和期望，以提高工作效率，并且让团队成员对合作过程感到满意。

5.1.2　一般设计基本程序

1. 第一阶段：设计准备阶段

确定设计项目。设计师的设计任务通常有两种：一种是原产品升级改造，另一种是新产品研发。一旦项目任务确定，设计师与委托人签订相应的设计合同，明确该项目的设计目标、内容要求，以及完成的期限等。

制订设计计划包括确定产品市场定位。遵循“3W1H”的设计定位原则，以产品的历史背景、服务的市场对象、产品的设计要求，以及设计依据的技术标准与规定来保障设计质量，考虑产品的生产方式、材料等方面的制约因素，在规定时间内确保能够有计划地完成产品的设计进度。

资料收集与整理及分析使用对象。对不同地区、民族、性别、年龄、社会阶层、职业、文化水平、喜好等各种类型的顾客进行调查，一般以调查问卷的方式进行，目前网络调研、实际市场调研、报纸杂志阅读及工厂实地调研等方式也较为切实可行。

2. 第二阶段：概念设计阶段

本阶段设计工作的目的是获得解决问题的各种方法，找到最能实现产品功能的原理，是提出问题并解决问题的过程。可以先通过手绘草图方案，弄清楚产品设计存在什么样的问题，找出形成问题的因素，再提出解决问题的设想与方案。在这个阶段，设计师可采用头脑风暴法来发散思维，进行任意创意设计，即“设计定位—草图构思—概念模型”。

3. 第三阶段：技术设计与完善阶段

本阶段主要解决如何实现产品模型的实际功能，以及解决零部件构造的设计问题。部分方案通过初审后，确定产品的基本结构和主要技术参数，通过产品功能来决定方案的取舍，同时为了确保产品中各个功能的实现，设计师需要借助设计评价来寻求最佳结构设计方案，即“结构设计—产品效果图—模型制作”。

4. 第四阶段：设计方案评价与实施阶段

本阶段主要是产品设计方案最后的筛选。优选出的设计方案必须在技术设计与制造等方面能够得到充分的实现，该阶段主要的工作是对产品根据预制件的标准、规范将其具体批量生产，即“试生产—市场化—批量生产”。

5.2　产品设计程序的研究方法

5.2.1　基于观察法的设计程序

IDEO(1991年成立于美国帕罗奥图)作为国际顶尖设计公司，有一套系统的设计方法，在产品设计领域以其对消费者行为的观察和分析著称。例如Coasting自行车，体现了基于观察法的产品开发程序的研究。权威机构调查显示：过去十年，“自行车迷”增长超过三倍，而休闲自行车主人数降低了50%，整体的数字在下降，现在有超过1.6亿的美国人不骑自行车。这些问题启发Shimano公司去设计一种新的自行车，一种回到过去、改变未来的自行车，重新规划自行车工业的未来。为了把自行车带回大众的生活，IDEO根据调研得到了大众意见而制造了原型样机，一种简单、舒适、随时能用、传统与创新结合的自行车，特别是对Coasting自行车的设计，在提高自行车车把高度的基础上将横挡降低，让骑车者不需要傧腰，就可以自然地坐上去。此外，还将车的所有机械结构隐藏起来，三速换挡系统由位于前轮车毂的发电机提供能源，通过察觉用户的速度并自动加速或减速。

这是一个典型的IDEO式的设计案例，从以行为分析为核心的调研出发，到设计阶段对调研结果大胆又不失细节的坚决执行，最终形成涵盖服务与营销的整套全面的解决方案。IDEO在大量的设计实践中形成并完善了这套设计程序和原则，这些也是其赖以生存的手段，这对于国内的设计机构和相关从业者具有一定的借鉴意义。针对这个案例的设计程序，选择了以下三个最具特征的环节进行分析：选择调研方式、设计方法应用、提出整体问题解决方案。

1. 选择调研方式

以“行为分析”为核心是IDEO一直引以为荣并行之有效的市场调研方式(不包括市场分析的部分)，“行为分析”强调人的全部需求都能够从他们的相关行为中得以反映，行为是传达使用者心理、生理状况及个体之间、个体与环境之间关系的最佳语言，只要能够破解他们的行为密码，就能够准确地获得他们的需求。经调查得知：用户并不是不喜欢骑自行车，反而是非常喜欢骑车，并且对骑车有着一种美好的回忆，但当用户带着这样的心情去自行车店的时候，销售人员过于强调技术、操控性、转动等专业名词，而不是儿时的那种乐趣分享，使消费者对购车的欲望减弱。

通过对消费者购买自行车和对休闲谈论的行为分析，调查者发现了两个要点，分别是消费者需要什么自行车和为什么不购买自行车。整个行为分析程序包含从消费者内心的回忆开始，一直到自行车店员的举动等众多调研对象和内容，实际上这也是对所有调研的综合分析。

2. 设计方法应用

突破性的调研结果对实际产品设计的意义不言而喻，但一样的调研结果并不能带来一样的设计结果。设计师的个人水平、团队合作方式、各种设计方法的应用都会对最终的设计产生影响。因此，首先要注意常被忽略的问题，尽量获取更多的有效信息，以便去更好地衔接调研结果，与实际设计相联系。在设计案例中可以发现，设计师自始至终关注的是人对产品的体验，这种体验指向消费者对产品的某种温暖回忆，大多数人对于自行车的需求除了基本的骑行功能之外，也希望自行车能够给他们带去一种休闲与放松的生活体验。物化的社会对于物的需求正在发生着变迁，从产品到商品、到服务，再到体验的经济产出物的变迁正在发生改变，它同样也会影响到我们的设计思路。

3. 提出整体问题解决方案

设计师要做的工作，除了满足消费者的需求，产生购买自行车的行为之外，也要全面考虑自行车会发生的相关预想的问题，并能有效地加以解决。从这个角度看，设计师需要设计任何有利于消费者购买自行车的行为，而不仅仅局限于产品本身。例如，店员专业化地解说自行车的卖点，反而使消费者望而却步。那么，除了产品设计本身之外，还需要设计开发自行车店员与自行车相关的教程和营销措施。

5.2.2 基于DSM的设计程序

DSM(demand side management)指需求侧管理，即设计结构矩阵，这是当前企业、研发机构为适应不断变化的挑战、缩短产品开发周期、提升自身研发能力而寻求的一种产品设计开发及程序优化的系统方法和工具。它是通过数学矩阵的形式描述产品开发过程中各个环节、要素之间相互依赖、迭代、制约的逻辑关系，反映或预见其潜在问题，为产品设计开发、更改、优化提供显性化的方法和实施基础。

设计结构矩阵是现代用户探索、研究产品开发及其过程的方法和工具之一。产品设计开发虽然从表面上看是一个工程问题，但其中却包含着诸多学科内容，其过程包括产品构型设计、参数设计、设计开发活动、产品项目管理等要素，完整、清晰、可视化、定量地描述其错综复杂的关系尤为重要，特别是对于大型复杂产品的设计开发具有重大的意义。

一个典型的设计结构矩阵(DSM)是由排列顺序一致的行、列元素所构成的。产品研发设计过程中的活动在矩阵中用行、列元素表示，在设计结构矩阵中用非对角线上的单元格表示对应的行、列元素之间的联系，用对角线的上下位置来表示对应行、列元素之间的输入输出方向，即在对角线上方表示两个关联因素的关系、信息的输入，在对角线下方表示两个关联因素的关系、信息的输出。

5.2.3　基于单独产品策略的设计程序

基于单独产品策略的产品开发将产品设计过程分成原型产品开发设计、新产品开发和变型产品设计三个循环。其中，新产品开发和变型产品设计是一种彻底分离的状态。

1. 原型产品开发设计

原型产品开发设计是企业在拥有新型技术的前提下，利用计算机辅助设计(CAD)技术、数控技术、激光技术、材料科学及机械电子工程等先进制造技术，以最快的速度将模型转换为产品原型或直接制造零件，从而可以对产品新型技术进行快速测试、评价和改进，以完成设计定型。原型产品开发设计可以快速、准确地将设计思想转变为具有一定功能的原型或者零件，以便对概念模型进行快速评估、修改及功能测试，从而大大缩短产品的研制周期及减少开发费用，加快新产品推向市场的进程。

2. 新产品开发

新产品开发是针对单独产品进行设计。产品开发人员分析已有的客户需求，确定合理的客户群，并以此为基础运用相关知识，结合竞争对手的技术参数，建立覆盖当前客户群需求的产品模型，设计结果是一个具体的产品事例。新产品开发设计工作具有较高的创新性、综合性，对开发人员的产品专业知识和能力要求较高。将新产品开发过程分为：概念设计、总体设计、详细设计、样机试验与试制、投产五个步骤，新产品开发设计周期较长，它的实现过程需要耗费可观的企业资源，以验证和完善产品结构。

3. 变型产品设计

变型产品设计是针对未来的客户需求，在原有新产品的基础上，充分利用现有的设计资源，通过对产品部分或局部的改变，进行相关功能、结构或参数的设计。变型设计的工作方式不要求很强的创新性，并且产品开发的实际周期短，这要求设计人员具有一般的制造和设计的能力。当获取客户需求后，根据客户需求，将其定位在相应的客户群内，利用客户群对应的产品模型，进行满足客户个性化需求的变型设计。

基于单独产品策略的产品设计面向的是单一产品。每当输入改变(即客户群的需求随着时间发生变化)，则原有的产品模型被淘汰，必须再经过新产品开发这个过程，生成一个新的、适应未来客户群需求的产品模型，在此模型基础上，通过变型设计得到一个具体的、满足顾客个性化需求的变型产品。而新产品开发的周期往往又很长，因此，基于单独产品策略的产品设计不能有效地快速响应市场。

5.2.4 基于平台策略的产品设计程序

全球买方市场的形成和产品更新换代速度的日益加快，使制造业越来越关注产品开发的程序。基于平台策略的产品开发程序与基于单独产品策略的开发具有很大的差别，平台策略较单独产品策略的产品开发有很多优点，即有效的产品平台可以派生出一系列产品，实现从基型产品到变型产品、从上一代产品到新产品的技术转移，从而显著缩短产品开发周期、降低成本。基于平台策略的产品设计程序和产品开发过程如下。

1. 产品平台规划

产品平台规划是企业的一个持续反复的过程，它与产品平台开发的关系相当于支持与被支持的关系，产品平台规划为产品平台开发提供核心能力支持，同时产品平台规划也为平台更新提供核心支持。这种支持是持续不断的，产品平台规划对基于平台策略的产品开发具有重要的指导意义。产品平台就是在企业产品平台规划的基础上，不断进行更新和升级换代。产品平台规划包括战略层的规划和设计层的规划。其中，战略层的规划又包括产品线规划、技术路线规划及基于平台的衍生模型的建立；设计层的规划包括部件敏感度的确定，敏感度是指受用户需求改变的影响，其所需重新设计工作量的大小。战略层的规划和设计层的规划从不同层次为产品平台的开发提供支持，战略层的规划对产品平台开发具有战略指导意义，它的输出是产品线发展策略、技术路线及平台衍生模型，从而指明了产品开发方向及平台衍生模式；设计层的规划对平台结构的设计进行指导，确定了部件变型指标。战略层规划和设计层规划是相辅相成，缺一不可的。

2. 平台结构设计

平台结构设计是在平台规划的基础上进行，这一步的工作是进行标准化设计和模块化设计，建立产品平台的结构。产品平台结构的组成模块能够派生出满足细分市场的产品族，同时也能为特定客户低成本且快速地派生出个性化产品。由于产品平台不仅面向目前的顾客，同时也要面向未来一段时期内的顾客需求，因此，在开发产品平台的时候需要考虑顾客未来需求的变化，用基于变型设计的原理来确定产品平台的参数、产品平台的结构，建立覆盖整个产品族功能要求的产品平台，保证产品平台能够快速进行更新，派生出下一代产品族。因此，设计结果不再是一个具体的产品事例，而是结构化的、可升级的产品平台。由于概念开发涉及研发、工程设计、制造、营销、售后服务等多职能领域，因此就产品平台的定义达成共识是非常重要的。

3. 配置设计

根据客户个性化需求，将其定位在相应的客户群内，以便利用该客户群所对应的产品族。

在产品族的基础上利用现有的设计资源，以可替换件配置规则为主要工具进行满足客户个性化需求的产品快速配置。基于平台产品策略的产品开发面向的是不同细分市场及不同时期的派生产品。每当输入改变(即细分市场客户群的需求随着时间发生变化)，则在产品平台基础上，经过变型设计生成一个新的适应当前细分市场客户群需求的产品族，从可升级的派生产品模型的每种可能中挑选一个零部件组合，确定该变型产品的配置，创建基于变型产品的具体结构，得到一个满足顾客个性化需求的具体产品。

基于平台策略的产品开发程序并不能解决企业中的所有问题，其重点在于短产品开发周期。但总的来说，建立平台策略的产品开发程序，必将是企业未来新产品开发的主要方向。

5.3 产品设计程序的评价

5.3.1 设计程序评价的概念

1. 设计评价的重要性

随着经济与技术水平的快速发展，企业所处竞争环境日益加快，企业竞争优势持续时间越来越短，企业必须迅速进行产品设计创新以响应日渐多元化的用户和市场需求。随着全球化市场竞争的日益加剧，我国企业及政府逐渐认识到设计创新具有的巨大潜力。但是，国内企业速成式发展方式缺乏相应的设计管理制度的积累，更缺乏产品设计开发经验及产品开发中不可缺少的系统的、规范的和制度化的设计评价，随着企业的不断发展，这种经验性设计评价造成的产品开发风险及成本、质量问题日益突出，企业必须寻求一种科学、高效的设计评价方法，以提高评价结果的客观性、可靠性，降低开发风险和成本，提升产品设计品质，增强企业核心竞争力。

2. 产品设计评价的范畴

“产品设计”表述的是一种人类活动的过程和结果，包括目标、组织、程序、研究、实践五个基本的部分，每当完成一部分时，都需要经过评估来确定下一步的方向，用于降低风险。产品设计评价可以分为宏观和微观的两个方面，宏观上产品设计是一个复杂的程序，所以设计评价应该是对程序内容的跟踪评价，通过确保每一个步骤的质量帮助把握项目的质量。微观上，产品是由一定的物质材料以一定结构形式结合而成的，是具有某种功能的客观实体，工业设计师对其进行外形、色彩、质感等方面的处理，设计出能够批量生产的、可满足生理和心理需要的物质载体。所以产品设计评价是运用各个方面的知识对某个实际的概念或设计方案的外形、色彩、质感、形式要素及生理心理方面的功能做出评价。

设计活动内容无法量化，只能以类似定性研究的方式去评价设计工作，定性研究以小样本为基础，进行探索性地评价研究。目的是比较深层次地理解和认识问题的定位，定性研究常常被用于制订假设或者是确定研究中应该包含的刺激变量。因为定性研究是基于小样本的，数据分析用的是非统计的方法，所以定性研究得出的结果不能当成最终结论，仅仅能作为制订决策的参考。评估的结果也不是唯一的，而是对各种概念或设计的详尽认识和分析。

3. 产品品牌层面的评估——以宜家为例

瑞典的宜家公司自1943年成立发展至今，在全球各地建立卖场和工厂，拥有众多的供应商和数万名员工，企业规模巨大。宜家制定了一套“宜家标准”来规范和培养全球各地员工的工作和行为，用统一的质量管理体系约束世界各地的“贴牌(OEM)”制造商，并采取全球统一采购的进货模式，通过信息化调度，统一为世界各地的宜家提供产品。宜家集团塑造了统一的品牌形象，并且在客户心目中构建起牢固的品牌忠诚度，营造出独特的宜家文化。宜家的成功大致可以归结于两点：品牌控制和成本控制。基于这两点，宜家在产品开发及产品评估中也有一套特殊的“宜家标准”。在这个标准里，首先是宜家对自己品牌的认识与定位，Being different not better这一句简单的话，就是宜家对自己的描述。家居产业并不像高科技产业那样以技术为主，追求差异化是宜家发展的主旨。差异化将宜家从传统的家具商业模式中脱离了出来，如图5-4所示。

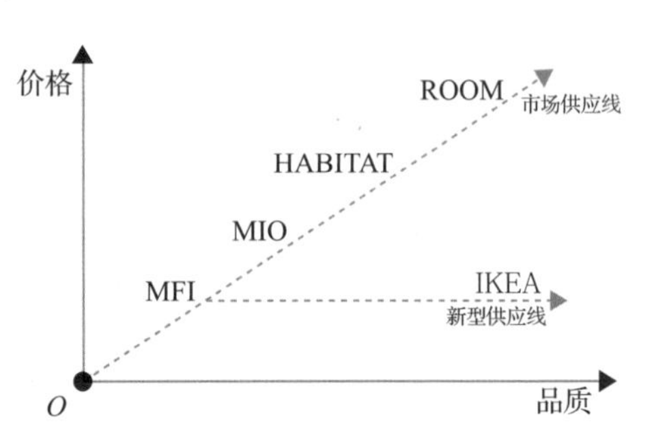

图5-4　宜家品牌独特性的可视化图表

宜家将自己和传统家具商业的模式进行了对比，图5-5中这些看似简单的单词，却囊括了宜家的所有特性。将这些词串起来，可以得到一个关于宜家品牌的介绍。宜家是为年轻家庭制造时尚家居用品的企业，宜家在选择产品时有明确的准则：斯堪的那维亚风格；是进化而不是革命；尽可能节约成本和资源，产品必须可以被扁平包装以便于运输；适合年轻人的品位和要求，个性为先。这一套准则成为宜家产品的评价标准，为宜家设计师的设计工作也提供了一套指导思想。

图5-5　传统家具商业模式和“宜家”的商业模式对比

4. 产品层面的评估——以Xelibri手机为例

2003年，西门子公司在其子品牌Xelibri手机的宣传文件中称“游戏规则已经改变，移动电话市场已经迎来设计革命。”他们认为，未来手机将像现在的手表一样成为一种装饰品，款式和设计决定产品的价值，相对而言技术和功能已经基本成型，不再是吸引消费者的主要因素。Xelibri计划每年推出两季产品——春夏季和秋冬季。每季度产品有一个主题，包括四种款式，消费者可以“根据自己的心情更换手机”。每款手机的市场生命周期为12个月，在此期间价格维持稳定，如图5-6所示。

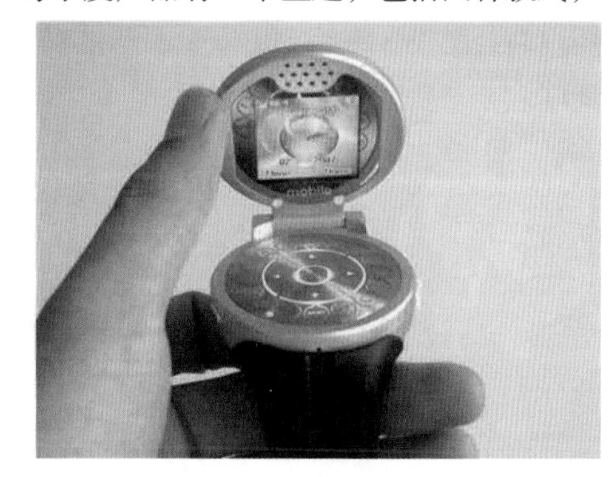
图5-6　Xelibri手机

虽然Xelibri手机将自己定位于一种“可以通话的佩饰”，但绝大多数的消费者还是将Xelibri看作一种时尚另类的手机，用手机标准衡量这个产品，Xelibri并不占有任何优势，即便是它很吸引人的外观设计，在很多人眼里并不是他们所想和所需。总结Xelibri失败的原因，根本的原因就是西门子对用户群体的定位及产品的定义上过于理想化。Xelibri系列手机在外观特征的变化上，并没有带给消费者太多新的“卖点”。从创新的角度看，该产品并没有走创新的路，如高像素彩屏、照相机和MP3播放技术的运用等，并未在Xelibri系列手机上很好地体现。

这就说明，Xelibri系列手机在构筑了自己的品牌形象之外，还需将产品设计纳入品牌管理的环节，建立各自独特的产品设计原型，并将其用于对设计方案的评估和筛选，以降低决策的风险，继而达到自身提升和发展的目的。同时也说明了品牌与产品之间的关系是相辅相成的。产品在概念设计阶段，其发展方向的决策及方案的筛选与企业的发展有着直接的因果联系。基于品牌层面是广义的产品设计评估，评估的范围和内容会随品牌的指导方针而发生变化。基于产品本身的各种可能性是狭义的产品设计评估，需要根据产品本身的特性进行评估。只有当两个层面的评估相结合，其结果才会更有参考价值和指导意义。

5.3.2　设计程序评价的模式

1. 产品设计评价的内容

产品设计评价相关理论的第一个支柱就是以客户满意为主导。在如今知识经济与全球化市场的时代，产品设计开发的客户已不局限于最终的消费者和使用者了。在产品开发的产品评价阶段中，“客户”的概念具有双重意义，即使用者和品牌方。由此可以得到产品设计者、品牌方、用户这三者的责任关系指向，如图5-7所示。责任关系指向图既肯定了用户在设计中的主导地位，又强调了品牌对于设计最终形态的影响力。

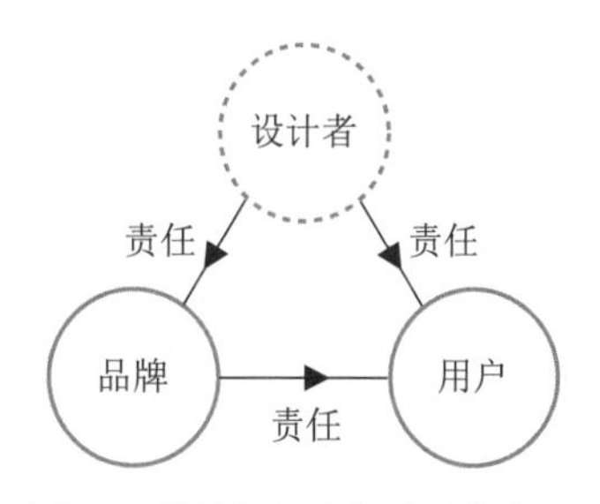

图5-7　设计服务责任关系指向图

1) 产品设计评价的出发点

图5-7中指明了产品开发过程中利益相关者之间的责任关系，“用户”通常是不主动参与设计活动的，它往往充当着被研究观察的对象，也是“设计者”和“品牌”共同服务的终极对

象。“品牌”担任设计任务制订和设计方案决策的工作；“品牌”既是服务提供者也是服务接受者；而“设计者”则是提供服务者，其直接服务对象是“品牌”，间接服务对象是“用户”。在设计进程中同时出现了两个不同性质的服务接受者，针对其各自满意度应该做不同的总结和评价，这就意味着将会有两套并行的评价标准出现在产品设计过程中，即基于“品牌”利益对产品设计的评价和基于“用户”利益对产品设计的评价，如图5-8所示。不能满足最终用户利益的设计将被直接淘汰；不能满足品牌利益的设计，可以通过调整和修改来适合品牌战略。

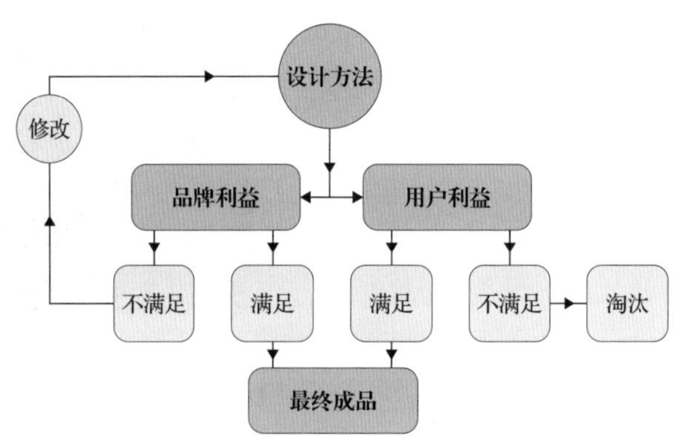

图5-8　客户利益的分离关系

2) 产品设计评价的决策点

综合1996年美国著名设计管理专家麦克•巴克斯特提出的风险决策管理漏斗理论，可以总结出产品设计项目中评价活动发生的位置，如图5-9所示。

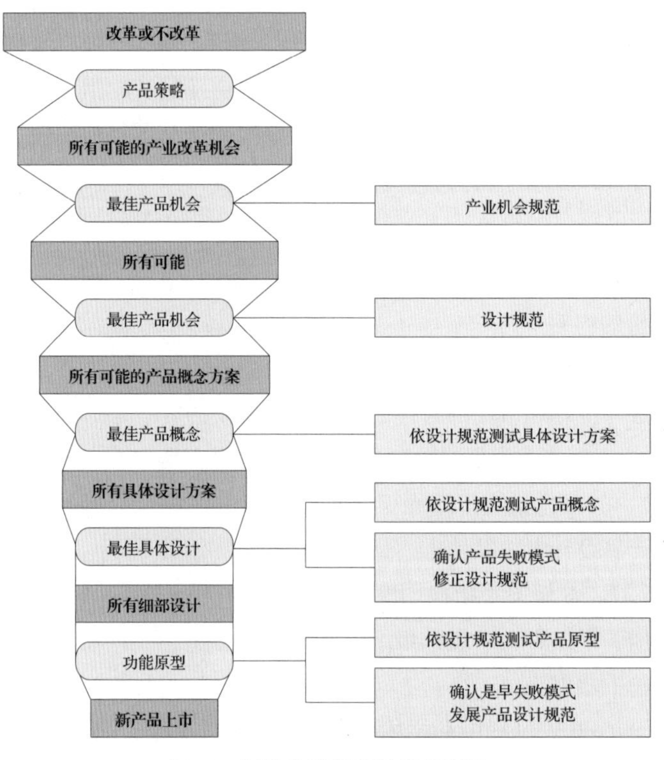

图5-9　风险决策管理漏斗理论图

从图5-9中我们可以得出整个产品研发过程中的决策点依次为：产业策略决策、最佳产业机会决策、最佳产品概念决策、最佳具体设计案决策、功能原型决策。针对漏斗模式的心理评价可以分为六个阶段，如图5-10所示。由图中可以清楚地看出，设计获得的过程是反复的，在生产最终产品之前会反复回到开发设计阶段，这种方式一来可以确保产品通过渐进式的发展过程逐渐达到最优化目的；二来在反复评价的程序中有助于发觉新的产品机会。

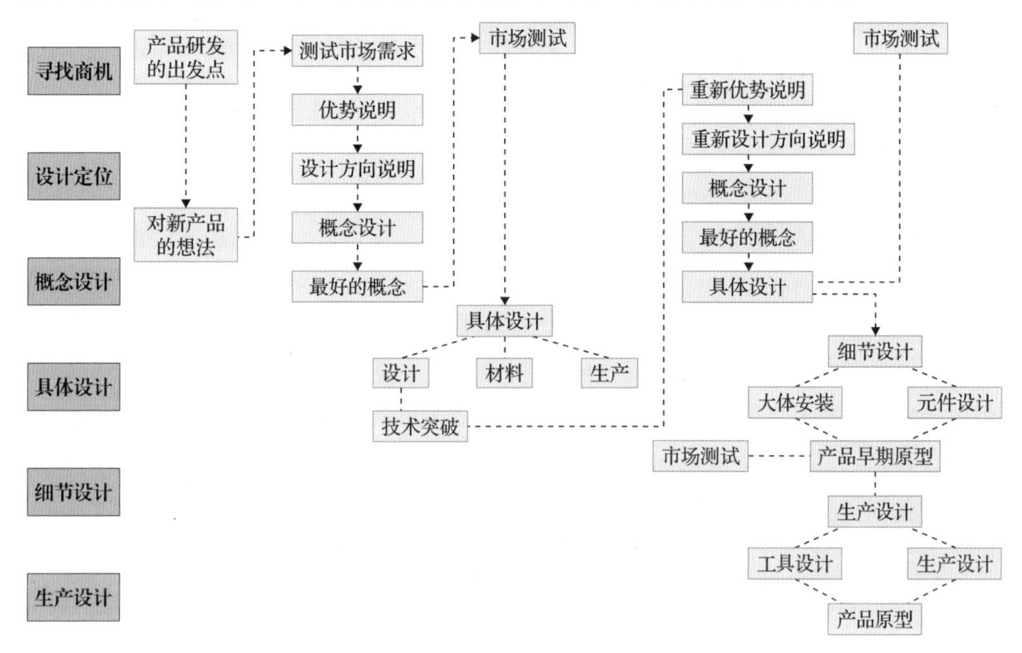

图5-10　设计程序和设计效果心理评价的六个阶段

3) 基于“品牌”利益对产品的设计评价

在设计评价时，首先要搞清楚的就是品牌的定位、品牌文化和品牌的识别特征。一般消费者提到BOSCH就会想到优质可靠的德国电动工具，使消费者产生这种印象的根源就在于不同品牌都具有其各自的识别性。著名的品牌研究专家阿克于1996年提出品牌识别由四个层面构成，如图5-11所示：作为产品的品牌(包括产品类别、产品属性、品质/价值、用途、使用者、生产国)；作为企业的品牌(包括企业特征性、本土化或全球化)；作为人的品牌(包括品牌个性、品牌与顾客之间的关系)；作为象征的品牌(包括视觉影像/暗喻、品牌传统)。

其次对品牌战略下的产品定位进行评估，评估产品设计方向的准确性，是以市场策略为依据而不是以即时营销结果为标准的。有策略性的设计才会具有先导性，以营销为目的的设计永远是滞后的设计。讨论产品定位阶段的评价问题，就是如何确保产品线内部的差异性和延续性，以及确保市场划分策略之间的关系。

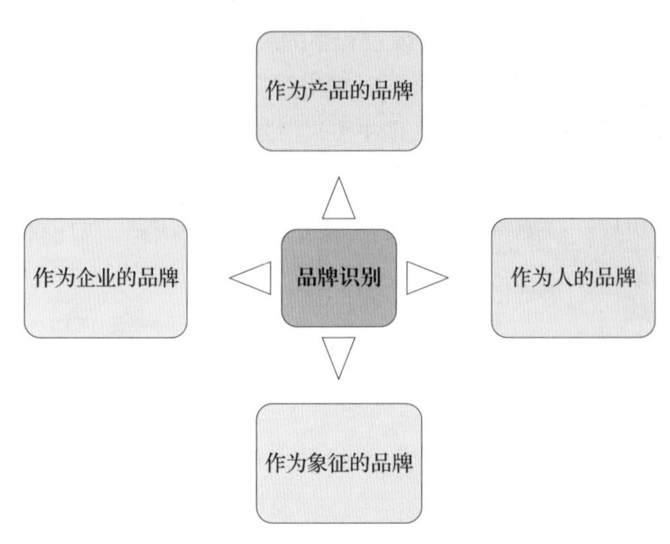

图5-11 品牌识别的四个层面

4) 基于差异化和创新对产品的设计评价

对于差异化的评价与测定，一般可通过与同类型产品的比较、与同系列产品的比较、与同品牌其他层次的产品比较来获得创新，并不是一个单独的行动，而是相互关联的子过程的一个总过程。创新是品牌形象的源泉，是品牌永葆青春的魅力所在。随着社会经济的发展和科技的不断进步，社会公众特别是企业产品的消费者的价值观念及需求模式也在不断更新变化。企业必须及时察觉这些变化并以不断进取的态度，适时地更新企业形象，不断推出品种繁多的新型产品，以适应形势发展和人类生活进步的需求。建立品牌文化和产品的延续性并非一日之功，而是长期努力的结果，也是企业最为重要的无形财富。

对于创新评价，从消费者满足层面上看，产品的创新性归属于“兴奋层面”，争取满足兴奋层面的价值因素，既能使企业获得差异化优势，又能在竞争中获得先导优势，在评估产品设计的时候，须将创新统一在“坚持品牌优秀文化的传统、继承品牌原有的良好形象”的基础上紧跟时代潮流、适应环境变化，把创新与继承有机结合起来，塑造出值得信赖的产品。

5) 基于可用性维度对产品的设计评价

美国著名理论学者西蒙曾说：“工业产品存在的唯一目的，即是满足特定的人群需求”。所以对产品本身的角度进行评价是不可或缺的，也是最基本的。惠特尼提出了一个简单易用的“可用性”维度运用的方法：有效的、高效的、吸引力、错误宽容度、易学性。有效的，用户达成目标的完成度和准确度；高效的，在完成工作时的速度和准确性；吸引力，使用时的快乐感、满意感和有趣的程度；错误宽容度，产品如何更好地防止错误，并且帮助用户应对错误；易学性，产品如何支持首次使用和更深入的学习。

2. “产品设计评价”的模型框架

产品设计的评价程序可归结为以下框架，如图5-12所示。该模型反映评价活动在设计进程中的先后出现顺序。

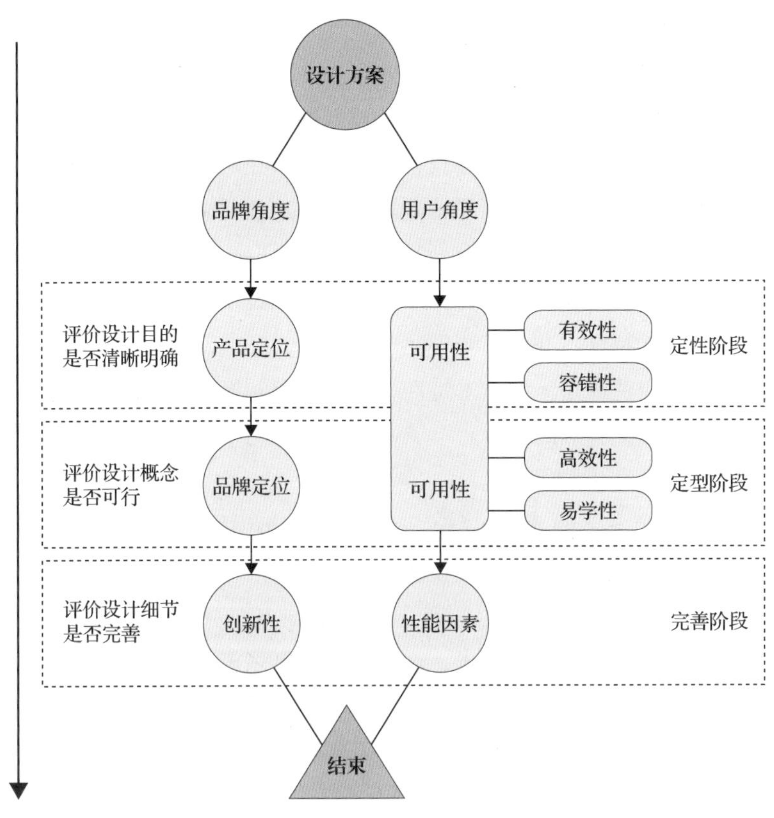

图5-12　产品设计评价程序

在图中列出产品设计评价的程序中每一个评价点引申的细节内容，评价某产品设计时，可以直接导入此模型进行分析。观察者可以清晰地了解设计方案在相应阶段是否能够满足相应评价点的要求，协助决策者做出判断。

3. 全过程设计评价规范程序构建

在早期工业环境的影响下，企业设计评价观念比较注重产品质量和成本监控。随着工业技术、经济水平及信息技术的发展，市场竞争环境日益复杂多变，设计评价向产品开发全过程延伸，旨在提升设计品质、降低开发风险、增强企业核心竞争优势。结合我国企业实际情况，构建前期用户需求定位评价、中期技术特性映射评价、后期概念方案择优评价三个阶段产品开发全过程设计评价程序。

1) 前期用户需求定位评价阶段

随着信息技术的不断发展及体验经济的到来，用户体验对消费者决策的影响力不断增强，企业越来越关注用户行为需求，逐渐整合技术、市场和用户需求等信息资源，提供符合用户需求的产品。用户需求定位是指企业根据用户现实性需求，对市场流行趋势进行把握，破解市场竞争环境约束等条件，进一步获得产品开发目标任务的过程。用户需求获取、识别、评价是企业产品开发活动实施的前提条件，也是企业获得产品设计创新及成功开发的基本保证。该评价活动主要是为了发现企业市场机会、创新机会和竞争机会，并界定设计范围，明确设计目标及规划发展方向。为了快速响应多变的用户及市场需求，抢占市场竞争优势，要求该阶段必须全面、准确、高效地完成用户需求挖掘、定位、属性分类及权重计算等步骤。

2) 中期技术特性映射评价阶段

产品开发技术创新被认为是竞争优势和商业成功的主要驱动力。实证研究结果表明，技术创新常常伴随着积极影响和消极影响。一方面，技术创新可以满足用户需求，对获得商业成功产生积极影响；另一方面，技术创新会导致企业变革和潜在环境变化，对获得商业成功产生消极影响。因此，技术创新并不总是能够显示显著影响，这就要求企业在进行产品技术创新时，应该均衡评价技术创新对用户需求和企业现状的影响，明确自身技术优势，确定技术创新方向，避免技术创新不确定性影响整个项目产品开发周期。技术特性映射是将抽象的用户需求信息转换为相应的代用技术特性，并将其体现在产品零件、工艺及生产与控制过程中。该阶段结合用户视角下的需求及企业视角下的技术特性，实现需求转换。该阶段的难点在于如何实现用户需求与技术特性间精准、有效的转换。

3) 后期概念方案择优评价阶段

Jones在《系统设计方法》(*A Method of System Design*)中指出："设计评价具体来说是在确定最终方案前，从诸多备选方案中，对其在使用、生产和销售方面表现的正确性给予评估" 。由此，概念方案择优是在综合所有产品设计要素的基础上，对设计方案进行优选、优化的过程。不同于上述两个阶段的局部评价方式，这一阶段将更多依靠美学标准、行业工艺、结构标准等手段对概念方案进行整体综合评价，需具体到产品人机尺寸、操作界面体验、功能有效性、色彩及材质搭配、结构件装配等要素，通常需要经过多轮评价才能确定最终方案，是一个反复迭代的过程。该阶段的难点在于如何客观、准确地描述专家评判信息的模糊性及不确定性，以保证评价结果的可靠性。

需要强调的是，设计评价活动并不只是存在于产品开发过程中，设计评价还涉及产品市场销量、用户反馈、社会与环境影响等方面，以便于为产品迭代、改良设计或创新设计提供用户需求信息、设计评价依据和策略指导。

5.3.3 设计程序评价的方法

1. 前期用户需求定位评价方法

在现代信息技术背景下，用户数据成为一种分析用户需求的重要资源。例如，电子购物平台的产品用户评论文本中蕴含着产品功能、服务等各种信息。但是，这些需求信息往往比较零散、非系统性，传统用户或设计师单一视角下的访谈和问卷调查方式并不能满足企业对用户需求信息全面、高效地挖掘和分析。因此，需要构建用户和设计师双向视角下基于数据挖掘技术的用户需求定位方式，如图5-13所示。

该方法首先采用Python技术对购物网站、相关网络论坛等平台上的用户数据进行挖掘，获取产品评论文本信息。其次，采用Python文本分析技术对评论文本信息进行预处理，包括分词、词性标注、词频统计、情感分析等，获得产品特征词库。最后，基于因子分析对产品特征词库中的用户需求词汇进行有效度、相关度分析，定位用户需求。通过该方法能够快速地对大量文本数据进行提取、分析与利用，有助于提高用户需求定位深度、精度及效度，为企业现代化设计评价、精细化设计管理提供有效指导。

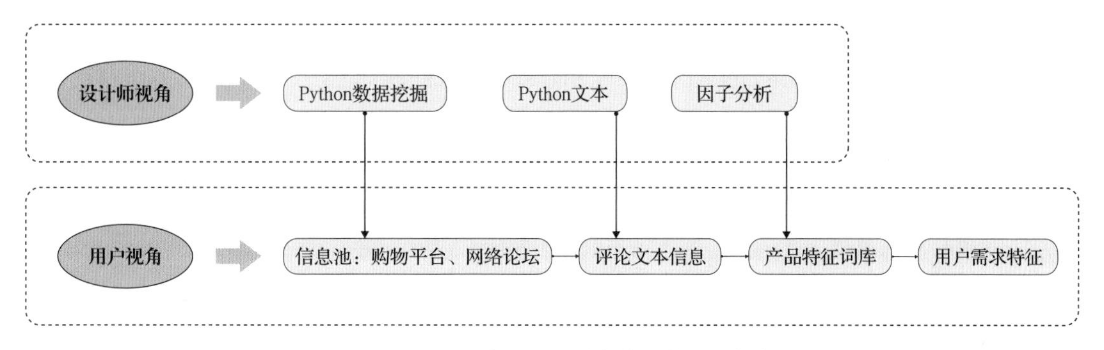

图5-13　双向视角下用户需求特征获取与定位

2. 中期质量特性映射评价方法

质量屋(HOQ)是能够将抽象的用户需求信息转换成企业内部产品开发的具体技术特性，它是一种由用户需求展开表与技术特性展开表相结合而成的二维矩阵表，可以用于表示用户需求与技术特性间的复杂关系。同时，可帮助企业在有限资源条件下确定技术特征优化对象，以保证用户满意度最大化。质量屋的一般形式由以下几部分组成，如图5-14所示。

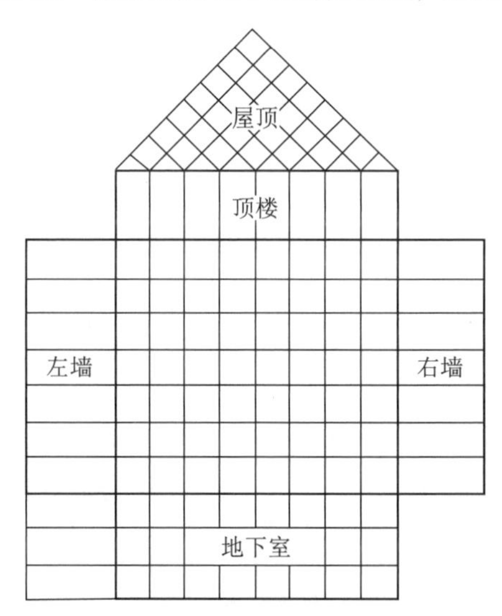

图5-14　质量屋图示

(1) 左墙：是用户语言表达的需求项目，包含用户需求及其重要度。

(2) 天花板：是设计师对用户需求的映射，是由用户需求转换得到的可执行、可度量的技术要求或方法。

(3) 房间：用于描述用户需求与技术特性间的相关程度，并将用户需求转化为相应的技术特性，以表明两者间的关系。

(4) 屋顶：可表明各项技术特性间的相互关系。

(5) 右墙：是指从用户视角进行市场竞争性评估，包括对竞争企业产品的评价，以帮助企业明确产品质量规划目标，并确定质量水平提高率、产品营销卖点及用户需求权重。

(6) 地下室：是从企业内部视角对本企业和竞争对手企业技术成本进行评价，包括技术特性重要度、技术竞争性评估及技术特性目标值，以此确定技术特性项目配置顺序。

3. 后期概念方案择优评价方法

目前新产品设计方案择优的方法主要可分为三类：定性评估方法、定量评估方法及定性与定量结合的评估方法。

1) 定性评估

定性评估是一种接近人思维方式的评估方法，是一种感性且比较直观的评估方法，主要用于在定量研究基础上做出定性分析时、量化水平比较低时或者当评估准则根本无法量化时。总的来说，定性评估方法的优点在于可以不用受限于统计资料，决策者可以运用自身的经验与智慧，从而避免或减少由于统计信息不准确或不充分而产生的片面性认知，其缺点在于评估得到的结果容易受到评估人员经验的限制及主观意识的影响。

2) 定量评估

定量评估的依据是一些相关的统计资料或者进行试验获得的信息，是一种科学、理性、客观的方法，其优点在于评估时完全以客观定量的资料为评估依据，并运用科学的计算方法进行评估，消除了很多不确定性、主观意识与经验的片面性影响，使评估结果可以有较大的可靠性与科学性；定量评估法的缺点在于当评估的内容相对比较复杂时，评估的内容就难以用确切的数量表示出来，进而影响评估结果。

3) 定性与定量结合的评估

由上述定性评估与定量评估法的优缺点可知，只使用定性评估易受较多随机因素及评估人员主观偏好的影响，使得结果带有一定的片面性；只使用定量评估，当评估内容与表现情况复杂时，难以用数量表示出来，以及评估人员可能背离打分标准的情况。从中可以看出，定性与定量评估法的优缺点是互补的。因而，可以将定性与定量评估恰当结合，综合这两种方法的优势，更好、更有效地实现对新产品设计方案的择优。

通过研究构建了面向企业用户需求的产品开发全过程设计评价程序。首先，构建了精准、高效的产品开发前期用户需求挖掘及评价方法，获得需求属性权重。其次，构建了产品开发中期用户需求与技术特性动态映射及评价方式，获得产品设计参数。最后，构建了产品开发后期概念方案群组择优评价方法，获得最优设计方案。该方法实现了企业产品开发全过程设计评价需求，为相关企业产品开发提供了参考。但是，该评价程序及方法运用必须以相关专业知识为基础，这在一定程度上制约了企业应用、推广和普及的可行性。因此，结合信息系统开发技术，构建产品开发全过程设计评价集成平台，将复杂的设计评价过程可视化，可使企业更加方便、精准地掌握关键信息，快速进行复杂分析与执行系统化评估结果，以保证产品设计品质，增强企业核心竞争力。

第6章

案例分析

主要内容：介绍五个产品设计的实际案例，从休闲用品、交通产品、床具产品、交互产品、电子产品几个大方向，介绍本科生、硕士生真实的毕业设计过程和设计作品。

教学目标：让读者理解并学会运用产品设计程序与方法，并在不同的产品设计方向进行设计。

学习要点：了解设计案例，巩固产品程序与方法的相关知识。

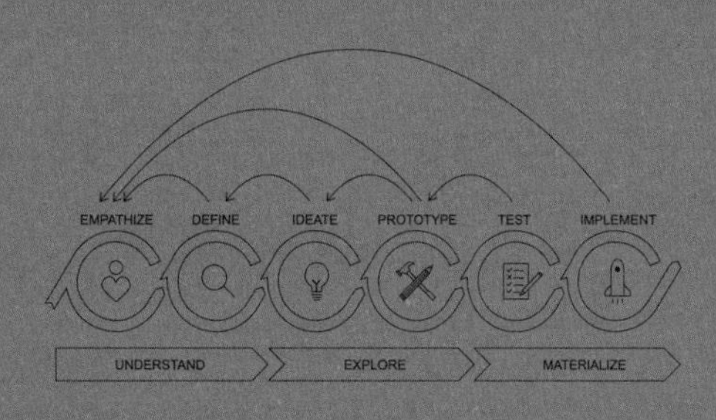

Product Design

6.1 休闲用品——多功能游泳圈设计

6.1.1 多功能游泳圈案例概要

随着社会的发展和人们生活水平的提高，人们的休闲时间增加，观光休闲活动的需求也越来越多。此案例中的产品设计是韩国东西大学设计学院联合韩国知识经济部、国土海洋部、文化体育观光部的海洋观光产业项目，该项目从2013年9月1日开始进行，直到2020年8月31日结束，是长达7年的国家级海洋设计人才培养项目。此项目包括夏季休闲活动用品的创新设计，针对海洋休闲生活产品、观光相关产品等方面进行广泛的创新设计研发，现以游泳圈这款产品为例具体说明。众所周知，季节与气候条件等环境因素影响着海洋休闲用品的生产、售卖与使用情况。根据调研了解到海洋休闲产品利用率低，同时售卖价格也低。为了提高海洋休闲用品的使用性能，提高市场价值，本项目针对最常用的海洋休闲用品之一——空气注入式游泳圈进行创新设计。

设计程序如下。

(1) 调查阶段：通过文献调查、问卷调查和采访调查了解海洋休闲产业的现状及海洋休闲用品的种类。大量的数据显示，大多数消费者最常购买的海洋休闲用品是游泳圈，因此，本项目最终确定研究的对象为空气注入式游泳圈产品。

(2) 分析及整合阶段：对使用者进行需求与期望的分析，确立关于空气注入式游泳圈设计的创新战略。

(3) 开发阶段：设计师团队通过头脑风暴决定产品的设计方向及设计理念，进行设计创新价值的开发。在此阶段内，找到一些生产厂商进行实用性及可生产性的分析，通过对生产厂商的反馈意见分析，设计师团队确立了海洋创意产品的CMF设计策略，从而进行草图、模型、效果图、样品制作等设计步骤。

(4) 评价阶段：在大批量生产空气注入式游泳圈之前，让使用者及购买者群体使用样品且对其体验进行反馈，由此便可得出初代产品有效的市场结论，如图6-1所示。

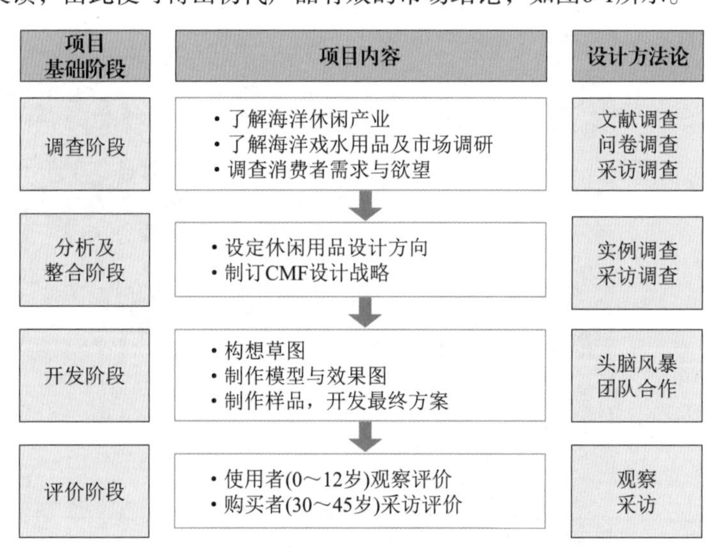

图6-1 空气注入式游泳圈设计程序

6.1.2　海洋休闲产业考察

1. 海洋休闲产业的现况

韩国釜山市政府定义的海洋休闲产业，是指在海域与沿岸空间进行的一些直接或间接与海洋空间相关的休闲活动。例如，在海洋、河流等水域中利用动力和非动力设备进行的水上运动。按照这个定义，对海洋休闲产业进行分类，如表6-1所示。

表6-1　海洋休闲产业分类

种类		内容
海洋依靠型	体育型	板：冲浪、风帆冲浪 船：皮艇、动力游艇、水上摩托、帆船运动等 潜水：浮潜、斯库巴潜水 其他：滑水橇、水上拖伞运动等
	休闲型	海水浴：海边游泳、戏水、日光浴等 潮间带狩猎：抓贝类、捕蟹等 钓鱼：海岸钓鱼、船上钓鱼、岩壁钓鱼等
	游览型	海上景观观光：游轮、游览船 海中景观观光：观光潜水艇、海中景观台等
海洋连贯型		海边体育：沙子游戏、海边文化娱乐等 海岸景观欣赏：散步、慢跑等 海洋文化活动：观察海洋生物、探访文化遗迹等

通过对海洋休闲产业的考察，设计师团队决定将设计方向定位为海洋戏水用品设计，开始对海洋戏水用品进一步调研。

2. 考察海洋戏水用品

1) 海洋戏水用品的定义

戏水用品是一种可以在游泳池、海滩等水中学习游泳或放松休闲时使用的工具，根据其使用方式和功能，大致分为三种类型：空气注入式戏水用品、空气注入式小艇和游泳辅助用品，如表6-2所示。其中，市场上绝大多数的戏水用品都是空气注入式的，如家庭用的游泳圈。

空气注入式戏水用品是指需要通过向其中充气才能使用的戏水用品，如气垫式浮床等。空气注入式小艇是指需要注入空气才能使用的小型船只，如充气式皮艇、充气式划艇等。游泳辅助用品则是指那些可以帮助使用者提高游泳技能或保护安全的工具，如浮板、泳圈、蛙泳蹼等。

在市场上，空气注入式戏水用品是最常见也是最受欢迎的一类产品，通常具有轻便、易存储、易携带等特点，适合家庭、学校、旅游等多种场合使用。

表6-2 戏水用品分类

<table>
<tr><th>种类</th><th colspan="2">说明</th></tr>
<tr><td>空气注入式
戏水用品</td><td colspan="2">通常指儿童在戏水时使用的充气床垫、充气枕、沙滩球等设备
不包括为家庭使用而设计的儿童游泳池</td></tr>
<tr><td>空气注入式
小艇</td><td colspan="2">主要材料是橡胶与塑料
没有桨或利用动力的产品不属于这个产品类型</td></tr>
<tr><td rowspan="3">游泳
辅助用品</td><td colspan="2">学习游泳的时候辅助使用者浮水、习惯水上活动、学习游泳动作的一些产品类</td></tr>
<tr><td>穿戴型辅助
游泳用品</td><td>使用者第一次学习游泳的时候，让人习惯水中活动及
学习游泳动作的产品</td></tr>
<tr><td>非穿戴型辅助
游泳用品</td><td>为了改善特定的游泳动作的一些产品，如拿在手里使用的产品</td></tr>
</table>

2) 海洋戏水用品市场调查

随着家庭收入的增加，以家庭为单位的休闲活动的需求日益增长，戏水用品的市场进入高速增长的阶段。在韩国，包括戏水、野营等与夏季休闲活动及体育用品相关的产品进口额都在增长，因此需要加强相关产品的设计创新。表6-3为当时的调查数据。

表6-3 海洋戏水用品市场调查数据

单位：千美元

种类	2007年	2008年	2009年	2010年	2010上半年	2011上半年
野营用品	16 246	16 950	21 848	36 239	19 017	31 091
戏水与夏季用品	123 846	135 435	118 201	156 557	106 606	132 324
水上体育用品	70 165	64 419	54 501	60 404	30 448	34 434
合计	210 257	216 804	194 550	253 200	156 071	197 849

3) 消费者调查

本设计项目针对韩国釜山本地与外地消费者进行大量的调查。调查结果表明，消费者在进行海洋休闲活动之前喜欢购买各种戏水用品，较为重视产品的实用性及创意性。在市场上有很多进口的低价游泳圈，所以为了获得市场竞争力，需要开发具有差别化要素的海洋创意产品。

6.1.3 多功能游泳圈的创意研发

1. 设计概念与战略

为了开发具有实用性与市场价值的海洋戏水产品，我们要在普通的低价海洋戏水产品中添加创新价值，从而提高产品的整体价格和市场购买力。这就需要我们想办法找到消费者心中说不出来的欲望，也可以说连消费者自己都不知道的需求。这个潜藏在消费者内心的需求和欲望一部分是本源性的，如产品使用不方便，或是功能缺失。还有差别化的设计，即目前市场上的同类产品所没有的设计创新点。最终确定了这次海洋戏水产品的设计概念就是产品属性和消费者利益的结合，在满足消费者产品属性的基本形态和技术的前提下，更充分地挖掘和满足消费者潜在的需求，如图6-2所示。

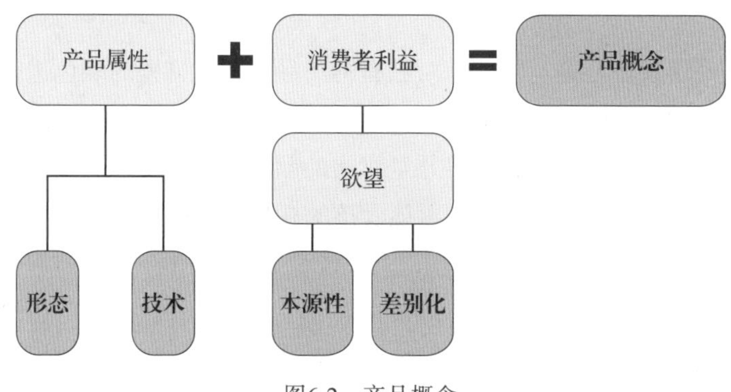

图6-2　产品概念

1) 设计目标和概念

消费者一般是为孩子购买游泳圈系列的产品，该系列的产品只在夏季使用，在季节性需求的影响下，游泳圈产品具有“不经常”被购买的特性，非夏季的时候处于闲置状态。同时设计师团队找到一些生产游泳圈的厂家进行了对产品及生产技术的采访调查，想进一步利用游泳圈的特性进行创意产品设计，从设计创新上、使用功能上解决其“不经常”被购买的局面。正是由于游泳圈是孩子们经常使用的，所以又专门调研了孩子们的娱乐产品。在调研中发现孩子们平时在家里使用很多娱乐气垫。这些娱乐气垫产品也属于空气注入式产品类型，重量较重，价位较高。值得一提的是，韩国娱乐气垫市场相关公司年销售额已经达到100亿韩元，这样看来其市场性已经被验证了。

我们有个大胆的创意设想：游泳圈是否能在夏天有戏水的功能，平时放置在家中又有“娱乐气垫”的功能呢？如果两者可以结合，就可解决该系列的产品只能在夏季使用，而其他季节处于闲置状态且“不经常”被购买的现状了，如图6-3所示。

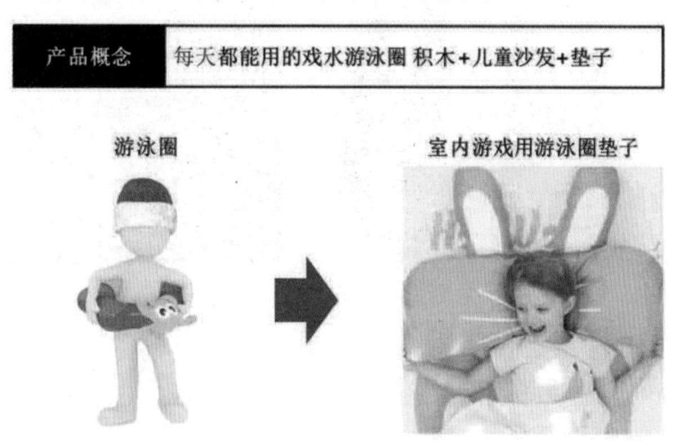

图6-3　游泳圈和娱乐气垫结合

2) CMF设计战略

通过对大部分儿童使用群体的分析，得到产品的CMF(color, material, finishing)设计战略，设计组分析了幼儿喜爱的颜色以及相关产品的颜色趋势，并找到了考虑使用性、手感、弹性等因素的材料，主要目标是通过精湛而坚固的表面处理提高产品的完成度。

(1) Color(颜色)

本产品的主要使用者是儿童。因此，对已有的产品及儿童喜爱的颜色进行分析，得到适合的产品颜色。在项目中，对4～7岁的儿童进行色彩喜爱度的调查，调查方法为：利用55种颜色的蜡笔，让儿童选择最喜欢的颜色，观察儿童喜欢的颜色及使用频率。结果显示，饱和度高的原色系列最受欢迎，其中红色系更是得到男孩女孩的喜爱。

(2) Material(材质)

游泳圈本体是由PVC(聚氯乙烯)制作，肌肤触感不佳，为此设计团队在PVC游泳圈本体上添加圈套，并且对大量的布料进行适合性实验，想找到柔软且实用的材料来增加触感。实验结果表明，为了更好地包裹圆形的产品，伸缩性是重要的考虑因素。因此，选择氯丁橡胶与太空网为游泳圈套的材质，如表6-4所示。

表6-4　氯丁橡胶与太空网

材料	图片及说明
氯丁橡胶 (neoprene)	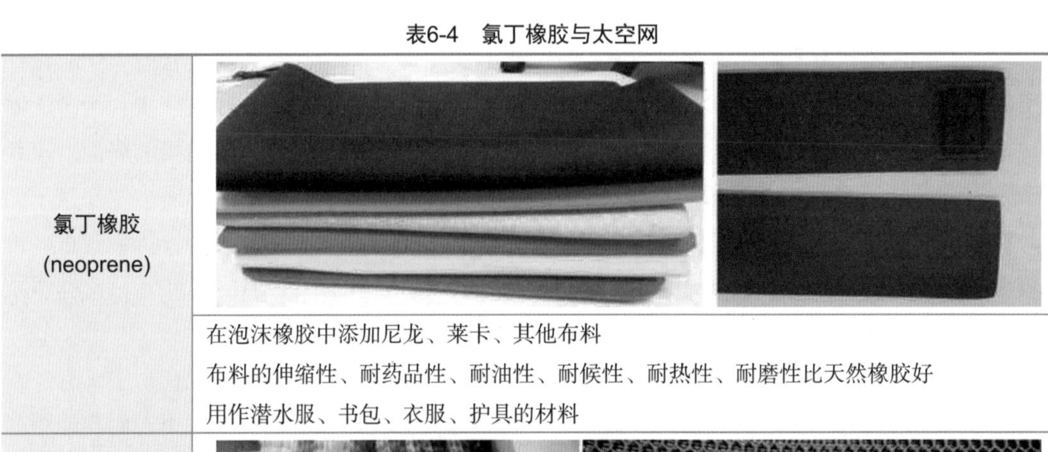 在泡沫橡胶中添加尼龙、莱卡、其他布料 布料的伸缩性、耐药品性、耐油性、耐候性、耐热性、耐磨性比天然橡胶好 用作潜水服、书包、衣服、护具的材料
太空网 (air-mesh)	  在网状材料中带有空气层，弹性较好 伸缩性、冲击吸收性、通气性较强，安全卫生 用作登山鞋、车坐垫、运动服、书包的材料

氯丁橡胶的伸缩性比一般橡胶高，耐候性、耐油性、耐热性、耐磨性、耐药品性都很优良，被用作潜水服的材料，也被用于制作笔记本电脑套、手机套、相机套、美容产品、身体护套、口罩等。这种材料色彩丰富，有助于设计美观的效果。

太空网是密实的网状布料，弹力与伸缩性较强，质感柔软，通风较好，可防止人体体温的上升，体感比较舒服。因为通气性与伸缩性较好，所以经常用作夏季戏水用品、沙发套、婴儿车、书包带的材料。这是一种表现原色效果较好的材料，很适合用于本项目。

(3) Finishing(表面处理)

氯丁橡胶与太空网材质都比较厚，不太适合使用一般的对针缝技法，而需要使用特殊的对针缝技法，如表6-5所示。

表6-5　特殊的对针缝技法

环针法	平式锁缝法
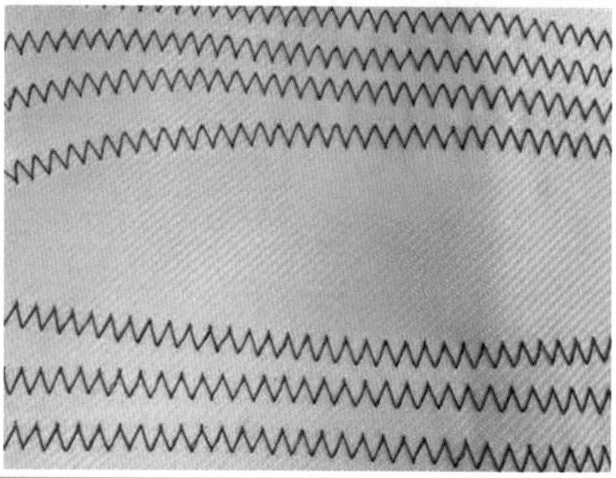	

同时根据CMF设计战略的确认，明确开发的流程，如图6-4所示。

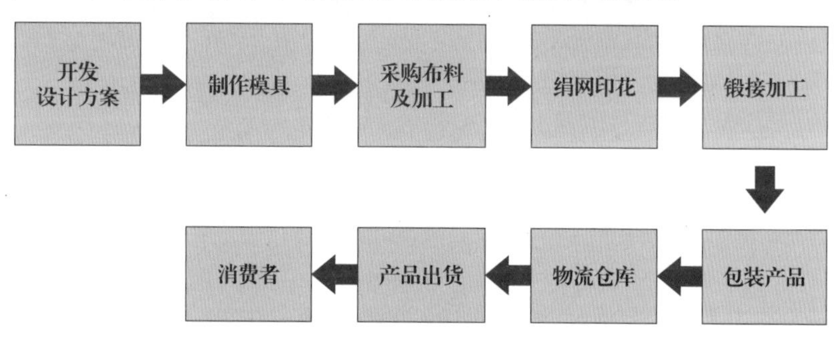

图6-4　开发的流程

2. 设计方案

1) 构想草图

使用以上的CMF设计战略制作许多设计草图方案。

如图6-5所示，上述案例是在原来游泳圈的形态上添加布料套，连接两个以上的游泳圈，同时使用者的皮肤接触到游泳圈产品的地方采用柔软的布料，以保护皮肤不被磨损。

从上百张草图中选择游泳圈产品中购买率最高的原型，在该原型基础上添加柱形产品、椅子型产品、桌子型产品，同时考虑到产品的多种组合方式，可以分离产品后单独使用，也可以组合产品后用于儿童家具或玩具，如图6-6和图6-7所示。

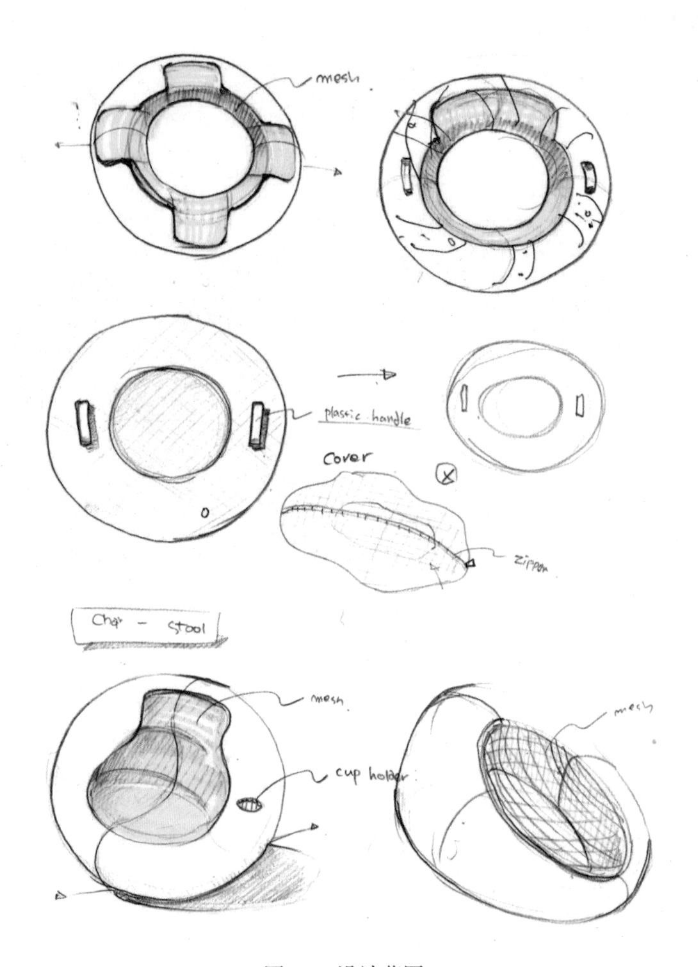

图6-5　设计草图

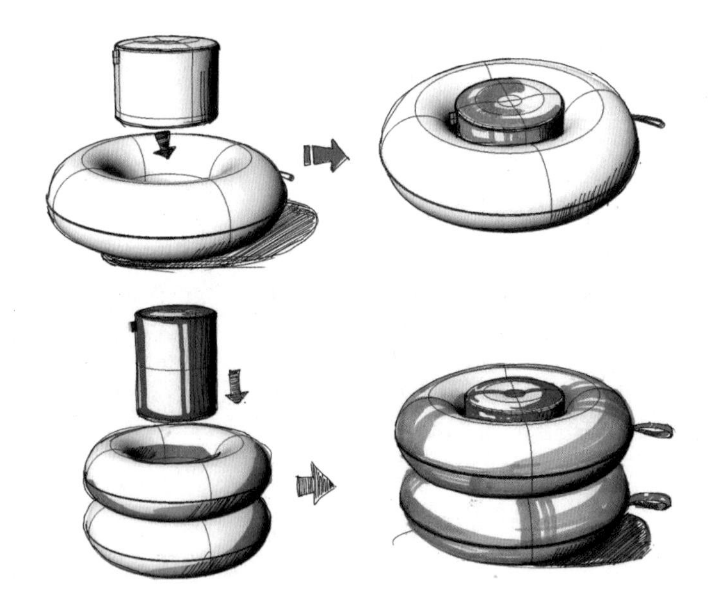

图6-6　手绘效果图

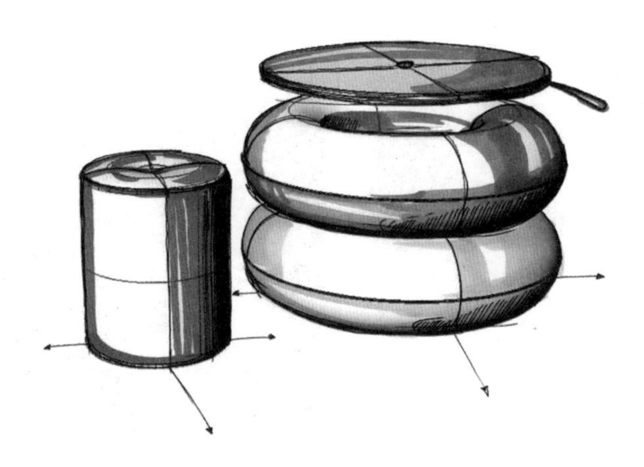

图6-7　手绘效果图组合形式

2) 建模及效果图

通过构想草图得到设计方案，然后进行建模及效果图渲染，将构想更加具体化。制作时应考虑PVC游泳圈与布料套的搭配及多样的色彩效果，如图6-8所示。

图6-8　三维效果图组合形式1

最终游泳圈垫子的设计方案效果图是以在戏水活动中经常使用的圆环型游泳圈为主，在产品中加上氯丁橡胶与太空网材质的圈套。整个产品由2种圆形、1种柱形、1种小凳子型、1种沙发型的游泳圈及1种EVA圆盘形垫子组成，如图6-9和图6-10所示。圈套可拆卸性较强，还有手把带的结构，使儿童容易抓取此产品，方便移动。同时，为了满足多种使用环境和场景，环形游泳圈以柱子为中心，可以叠放在柱子上几个环形游泳圈，盖上垫子即可变成小桌子。垫子采用特殊材料，用蜡笔在上面画画以后容易擦干净，可以作为孩子的小画板，提高其创意能力。通过设计创新，实现了游泳圈平时放置在家中也有“娱乐”功能，这样该系列的产品不但在夏季具有使用价值，而且在其他季节也有了更多的使用价值，从而引发消费者购买的欲望。

图6-9　三维效果图组合形式2

图6-10　实物图

3) 制作样品

通过效果图观察色彩搭配与效果，然后直接制作实际的样品，真实使用去体会和寻找产品的优缺点，如图6-11至图6-13所示。

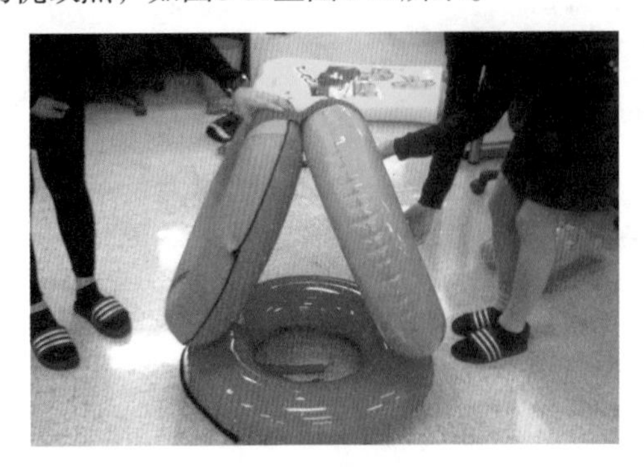

图6-11　使用形式1

图6-12　使用形式2

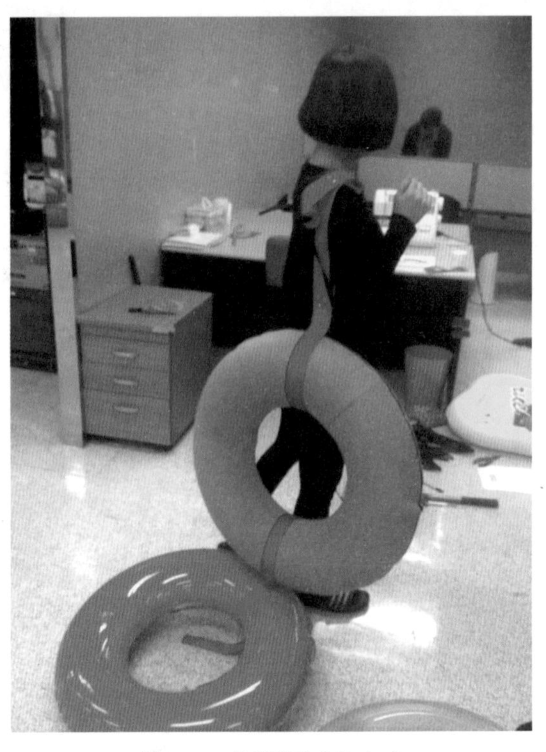

图6-13　产品移动拿取方式

在制作样品的过程中，为了得到色彩较好、适合的布料，进行了大量的实验。同时还进行了布料样品的色感比较分析。因为每种布料的厚度略微不同，会产生不同的感觉，所以设计团队为了提高使用者的舒适感，进行了许多使用实验，如表6-6所示。

表6-6　海洋创意产品的最终设计样品

A	B

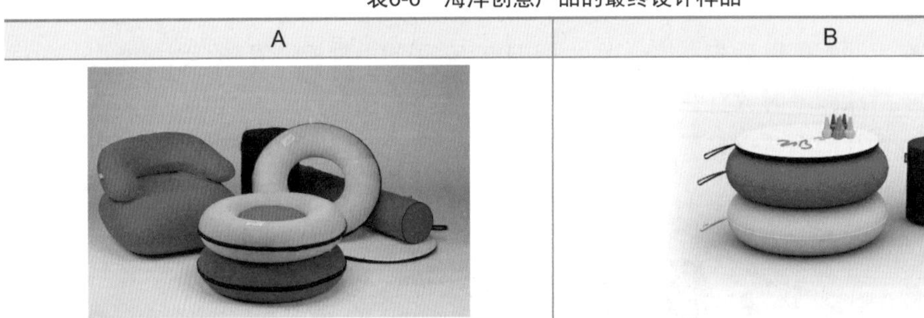

区分	结果	内容
Color	A	绿色、蓝色、紫色、橘色、粉色、深蓝色、白色、黑色
	B	红色、黑色、白色
Material	A	游泳圈：氯丁橡胶 / 垫子(EVA, PU)
	B	游泳圈：太空网
	ETC.	plastic zipper(塑料拉链)
Finishing	A	catch stitch(环针法)
	B	flatlock stitch(平式锁缝法)

4) 消费者观察及评价

为了评价样品，针对3岁、5岁、9岁、10岁的儿童分别观察评价。观察的时候不给孩子们提供任何信息，只提供产品，让孩子们自然地玩一段时间，仔细地观察他们的行为，并了解其家长的感受和评价，如表6-7所示。

表6-7　消费者评价

没上学儿童的家长	A: 颜色丰富，感觉这些产品对儿童的感性知觉培养很有帮助。材质也很高端，对家长来说，本人是非常满意的。 B: 材料很柔软，感觉很安全。拆卸很方便，可以清洗套子，非常卫生
上学儿童的家长	C: 孩子们很喜欢这个产品。上面有手把，让孩子可以自己完成拆卸。 感觉对孩子的教育十分有用。 D: 一般的垫子要么太大了，要么太重了，这个产品很轻，而且是空气注入式的，看起来保管很容易

6.1.4　多功能游泳圈总评

韩国的海洋休闲市场需求旺盛，但是市场上的企业很少有开发创意产品的，大部分都使用著名漫画人物来开发产品的图案设计。为了提高产业竞争力，就需要具有创意性的产品功能的开发。因此，韩国东西大学的设计学院进行了针对海洋休闲用品的产品研发。

本项目主要的研究方法为：首先通过大量的文献调查及采访调查，得到CMF设计策略；然后按照设计策略进行构想草图、建模、绘制效果图工作；最后制作样品，并进行实际使用过程中的观察调查及对购买者深层的采访调查。

6.2　交通产品——多功能长途骑行装备设计

6.2.1　多功能长途骑行装备案例概要

骑行作为一种经济环保且强身健体的出行方式，在众多年轻人尤其是大学生中流行。随着我国公路基础建设的完善，以及旅行生活分享的网络经济与影响力效应，骑一辆单车至向往的每一个角落被越来越多的人所推崇，旅途中使用的相关装备产品的需求也在加大。

此案例是天津美术学院产品设计专业毕业生武嘉鑫、张炎博以“为一个人而设计”为出发点，通过观看一部旅行纪录片《行疆》，发现了骑行者旅途中做饭时的物品储存、材料拿取和食材加工的相关问题，并对此进行深入研究，最终设计出Taste of Travel骑行装备系列产品，不仅优化了旅途中做饭的系统，也使骑行者体验到更美好的旅行滋味与更可口的美食味道。

设计程序如下。

(1) 观察阶段：通过对纪录片的反复观看，截图与记录骑行者旅途中所遇到的问题。

(2) 问题分析及整合阶段：通过对记录的问题点进行整合，分别从场景、物品放置、物品拿取等方面进行分析，寻找设计方向。

(3) 一手资料调研阶段：通过对纪录片中人物的采访，了解并掌握其旅途中的真实感受与需求。模拟骑行者旅途中的真实状态，进行自身体验以寻找问题中可能被忽略的细节。

(4) 设计与开发阶段：通过一手资料调研阶段掌握的资料，确立设计的开发方向及设计概念，然后对骑行者物品种类、使用频率、自行车空间等进行深入分析，并结合分析进行初代产品设计。

(5) 产品草模评测阶段：将初代产品进行功能草模制作，并安装在自行车上进行骑行测试。

(6) 市场调研阶段：针对市面上现有的骑行装备进行调研，了解相关CMF工艺与更广泛的用户需求点。

(7) 产品优化设计与测验阶段：针对初级产品测评和市场调研，将产品细节与产品安装部件进行优化，并使用趋向于实际生产的材料进行完整功能样机的制作与上路测验。

6.2.2 骑行旅途的观察与分析

1. 观看纪录片

通过反复观看骑行纪录片，以更加直观的第一人称视角观察形式，有助于观察到骑行者旅途中自己察觉不到的不便之处。“为一个人而设计”的思路，其实是通过对一个人的深入分析与观察，找到那些核心的设计需求点，如图6-14所示。

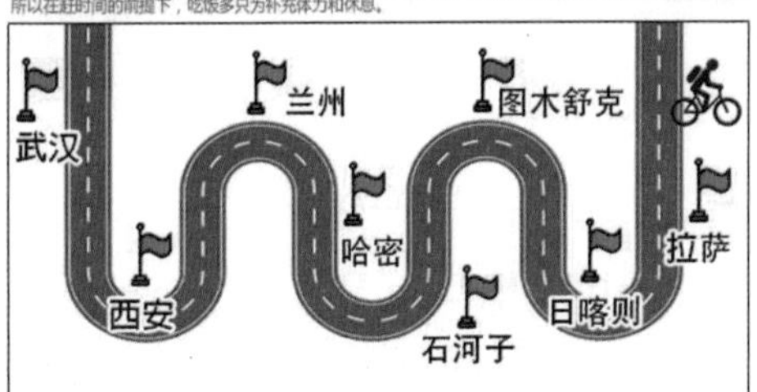

图6-14　纪录片分析图

2. 问题分析与整合

1) 做饭的空间与时间分析

骑行途中做饭主要分为室内与户外两种环境。室内指在房屋等室内搭帐篷，具备使用空间大、地势平坦等特点。又因为是在早晨和傍晚可以“安营扎寨”的时间，骑行者会将餐厨用品和食材全部拿出摆放在附近，且具备充足的时间进行操作，如图6-15所示。

户外场景则限制较多，一般是寻找树木或墙体等有一定遮挡或相对平坦的地方，并以自行车为活动中心，使用空间有限，只能取出部分餐厨用具和食材，且多为中午或骑行途中补充能量，时间紧张，食物加工方式一般简单、易操作，如图6-16所示。

图6-15　骑行途中室内做饭

图6-16　骑行途中户外做饭

2) 自行车布局的空间分析

目前的骑行包具，没有充分利用自行车的空间，配重缺乏合理分配。骑行过程中携带的厨具、食材等放置得很分散，需要反复站起来去拿自行车另一边的东西。市面上的传统山地车驼包和塑料袋的结构特点使人们在拿取物品时要反复翻找。这些都是造成拿出和收回餐厨具、食材花费时间长的原因，如图6-17所示。

图6-17　空间与时间分析

3) 一手资料调研

通过微信采访了解到，没有足够容量的容器盛水是骑行者旅途中遇到的最大问题。对于骑行的更高追求上，骑行者希望长途骑行中做饭更省时省力，更令人感到舒适。设计者通过模拟配重40kg物品进行一天的骑行与户外做饭的体验，感受到以下问题：

(1) 自行车的车头和车尾承受重量越重，载物高度越高，则车把晃动越剧烈。

(2) 将瓶装水或装有物品的塑料袋悬挂在车身上，自身的晃动会加剧车身的不稳定性。

(3) 如果将菜板放在地上则位置过低，要弯着身子切菜，很不舒服，而且不平整的地方会使操作时案板晃动，蔬菜滚落。

(4) 在骑行一天非常疲惫的状态下，还要反复起身从包里将需要的食材、工具翻出来，尤其在各种东西随意放在一起时，拿取很不方便。

(5) 较大的桶装水很沉，不易控制倒入量。

6.2.3 骑行装备的创意研发

1. 研究方向

通过对之前各项资料的总结，设计者确立了以下两个主要设计研究方向。

(1) 为了最大化地利用自行车的空间和结构，要重新规划各类物品的布局，大致分为放置水、食材、餐厨具、油等物品的几个区域。

(2) 更加舒适的做饭体验，要提升食材储存的丰富度，使做饭的各项操作流程更加符合人机工程学，以节省体力。

2. 物品布局研究分析

针对骑行者日常的食材及各项装备用品进行使用频率、材质属性、保存状态的分析，如图6-18所示。

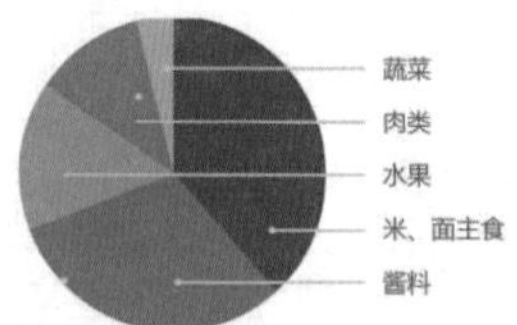

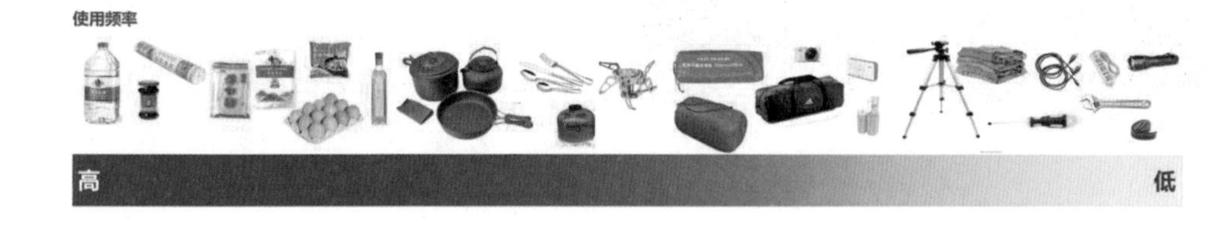

图6-18　重新规划各类物品的布局

3. 人机空间研究分析

经过对市场不同价位的自行车车架进行调研，将两千元以下的大部分平价山地车框架模式、形态固定在一个既定的范围内，围绕着这个范围将车架分为五个可以布局的区域，并对各个区域进行空间、载重、稳定性等分析，又对骑行者做饭时固定的活动范围距离进行分析，如

图6-19所示。

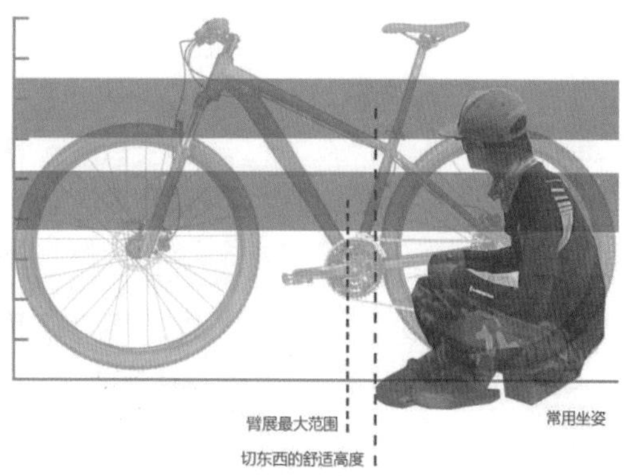

图6-19 自行车分析与人机工程分析

4. 设计方向与草模

1) 设计方向

通过之前的研究分析，确立围绕水的存取使用、食材的加工操作与储存及其余物品的合理布局的设计。

2) 水箱草模

水的设计参考了摩托车油箱，由于骑行时双腿的运动，需要对水箱的外形进行调整与改进，以避免腿部运动的不适感，如图6-20所示。

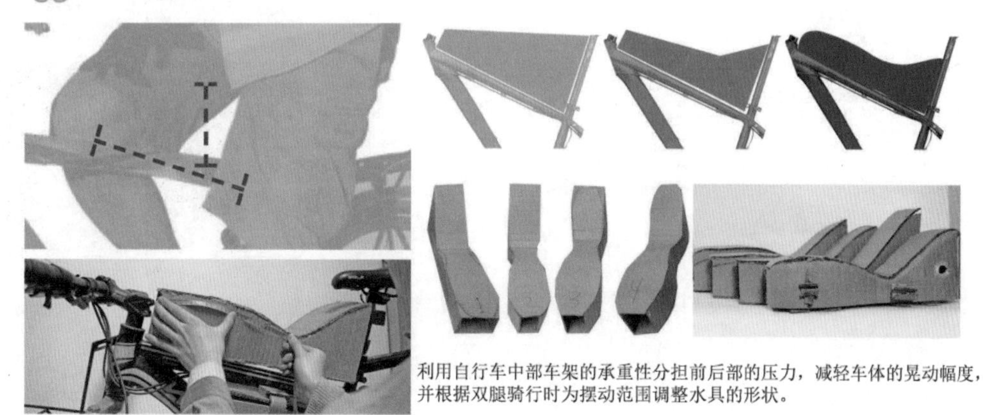

图6-20 水箱设计

车架上梁的倾斜性有助于水箱内的余水总是汇集在出水口处，并利用水向下流动的趋势自然出水，如图6-21所示。

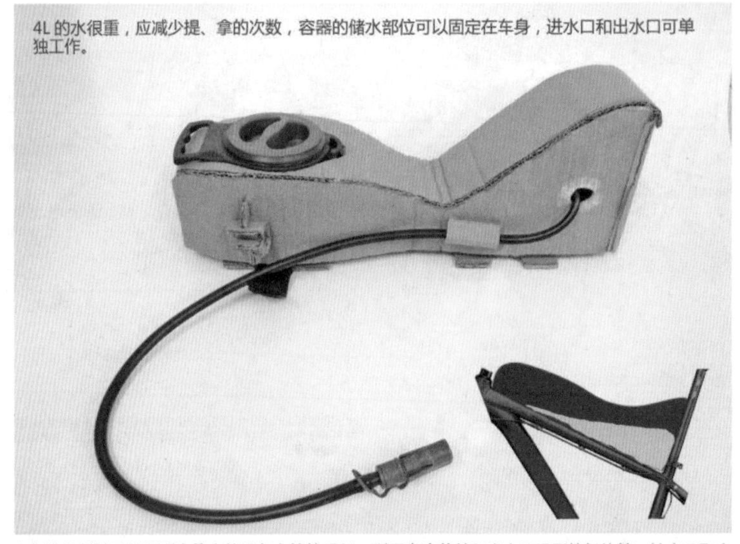

图6-21　水箱设计细节

3) 三角箱草模

车架中部的三角空间虽然狭小，但可以放置刀叉、餐具、调料，并通过巧妙的结构设计形成一个可收纳的切菜板，如图6-22所示。

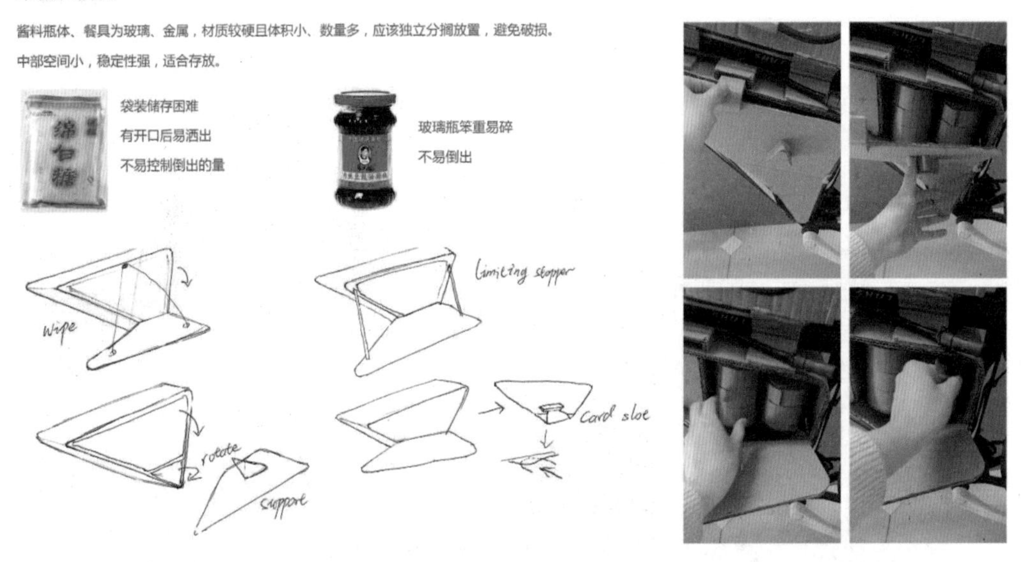

图6-22　菜饭与酱料设计

4) 驼箱草模

自行车驼包是市面上较为成熟的装备产品，但驼包基本使用软材质和上开口的设计形式。

在此颠覆性地将硬材质引入驼包中，使之变成驼箱的侧开口形式，方便物品的拿取，如图6-23所示。

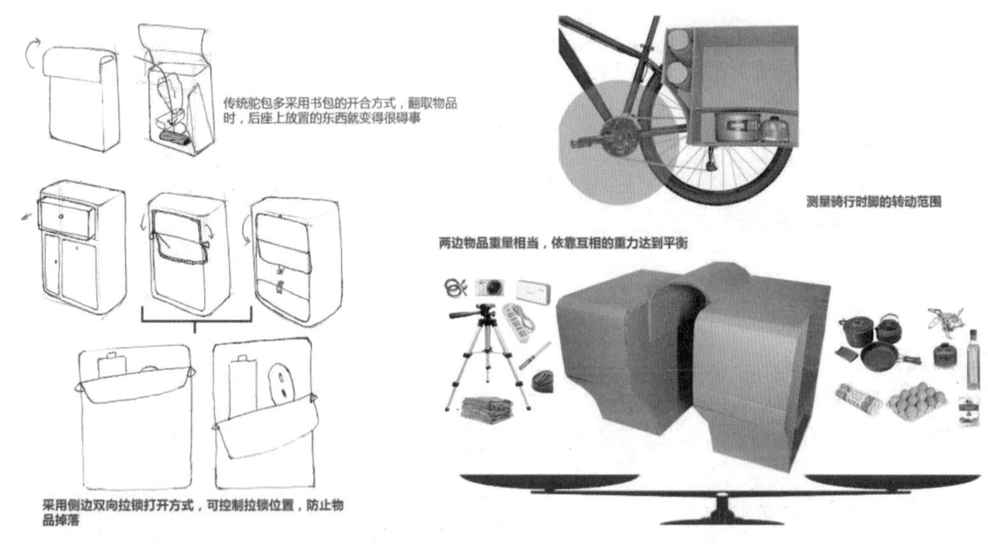

图6-23 厨具与食材

5) 连接件草模

由于产品设计的独创性，所以设计者要基于产品的结构与车架的结构进行连接件的设计，以保证骑行中的稳定性与可靠性，如图6-24所示。

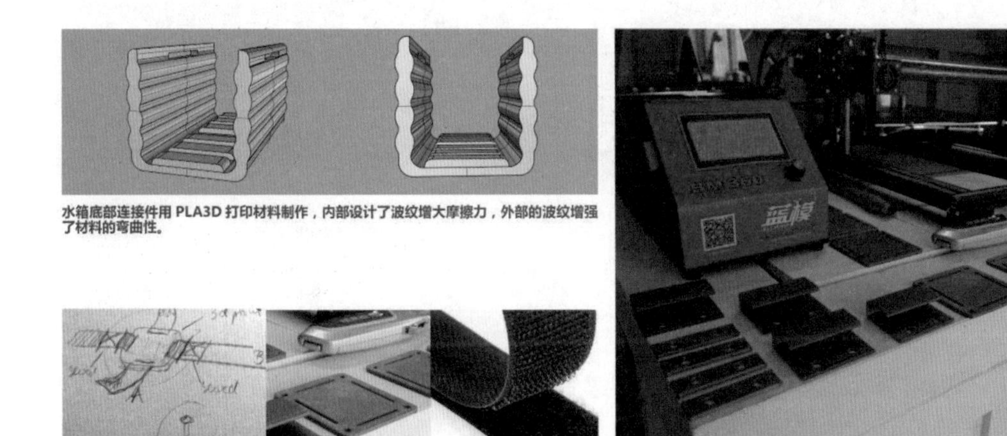

图6-24 连接件草模

完整功能模型与使用场景展示，如图6-25至图6-29所示。

图6-25　功能模型

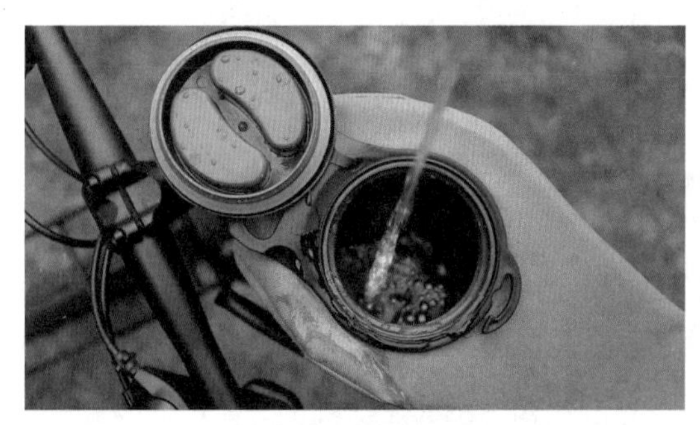

图6-26　水箱模型

图6-27　菜板模型

图6-28　使用方式

图6-29　使用场景

6.2.4　骑行装备总评

中国广袤的土地与庞大的人口基数，使运动骑行市场有巨大的规模。单车骑行作为将速度、时间、金钱成本、深度体验平衡到最佳的一种长途旅行方式，被大多数人所认可，尤其在年轻人等群体中较受推崇。与此同时，随着国家的基础道路建设完善与“一带一路”政策的感召，吸引了越来越多的人一路西行去感受我国更丰富的人文地貌，乃至深入中亚等地，去挑战自我。但是在这些气候恶劣、人迹罕至的环境中骑行，需要及时的能量供应来弥补体力的消耗，市面上现有的驼包在拿取物品上极不方便，且没有针对一般收入人群而设计的整套骑行餐厨装备。以此为出发点，通过访问骑行俱乐部与观看研究多部骑行纪录片，由此设计出Taste of Travel系列产品。

Taste of Travel系列产品确立了围绕水的存取使用、食材的加工操作与储存，以及其余物品的合理布局的设计，设计了水箱、三角箱、驼箱、连接件等，用设计创新解决了一般收入人群在长途骑行中的整套骑行餐厨装备的需求。

6.3　床具产品——母婴智能睡眠床设计

6.3.1　母婴智能睡眠床案例概要

此案例是天津美术学院产品设计专业毕业生付婉的作品，Hourglass母婴智能睡眠系统在解决母婴睡眠矛盾的过程中，以遵循母婴同室睡眠为前提，应用智能交互设计手段，从技术层、设计层、应用层等方面满足母婴双方的睡眠身心需求。本套产品设计功能为“智能辅助睡眠”和“同室睡眠”，是一款智能交互睡眠工具设计。时光流逝，儿童不断成长，本套产品旨在尽可能缓解母亲的育儿负担，并向社会提倡有温度、有智慧、有科技的育儿理念。

婴儿出生后，无论是在家里、医院、分娩中心，母婴对于彼此的生理和心理需求都在不断上升。从母亲的角度来看，母婴同室能够保证母婴早接触、多接触，对婴儿早期母乳喂养，会很大程度上促进母亲子宫的复位，减少产后出血，且产后恢复效果更好。从婴儿的角度来看，母婴同室时母亲能为婴儿及时提供充足的母乳，提高婴儿的免疫力，补充营养物质、水分及促生长因子，有利于婴儿健康成长。在这种情况下，母婴智能睡眠床的创新设计尤为重要了。

设计程序如下。

(1) 用户体验分析：通过对实际情况中的母婴生活进行观察，记录生活中所遇到的问题，如图6-30所示。

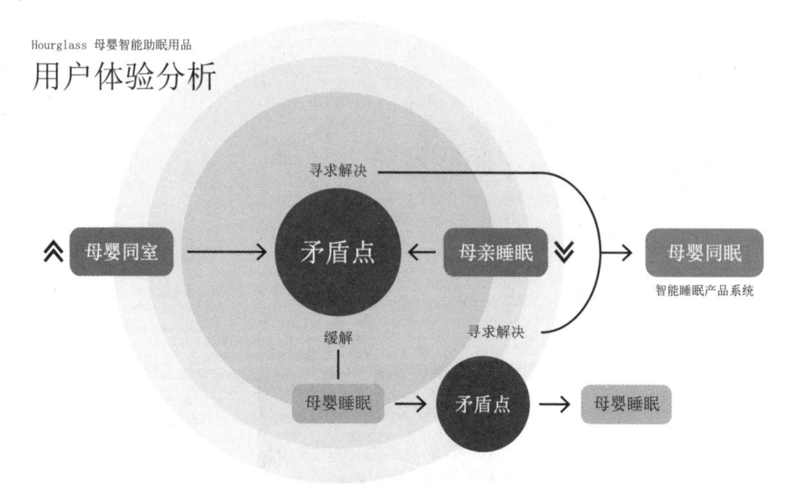

图6-30　用户体验分析

(2) 问题分析及整合阶段：通过对记录的问题点进行整合，分别从婴儿和母亲的生理、心理角度进行分析，寻找设计方向，如图6-31所示。

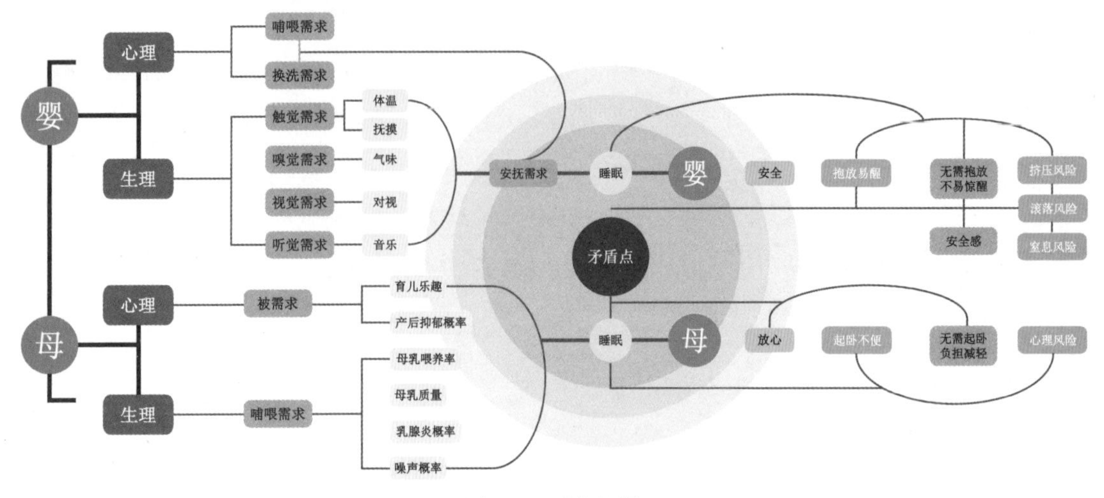

图6-31　现有问题

(3) 一手资料调研阶段：通过对身边适龄的母婴群体进行采访，了解和掌握其生活中的真实感受与需求，寻找问题中可能被忽略的细节。

(4) 设计与开发阶段：通过一手资料调研阶段掌握的资料，确立设计的开发方向及设计概念，母婴智能睡眠系统在解决母婴睡眠冲突的过程中，以遵循母婴同室睡眠为前提，应用智能交互设计手段，从技术层、设计层、应用层等方面满足母婴双方的睡眠身心需求。

(5) 产品草模评测阶段：将产品进行功能草模制作，并且进行智能界面的设计与制作。

6.3.2　母婴智能睡眠床产业的考察

随着人们消费水平的提高与鼓励生育政策的实施，面向母婴类的智能产品出现了爆发式增长，智能育儿产品已经成为大多数家长的首选，智能摇椅、智能吸奶器等母婴产品层出不穷，深受父母们的青睐，同类的母婴睡眠床也在不断演化和进步，如图6-32所示。

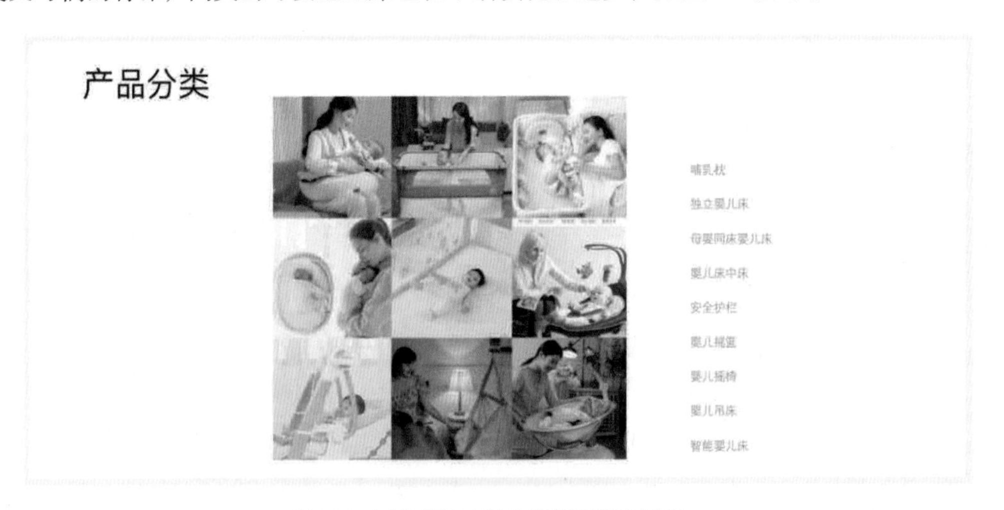

图6-32　同类设计产品的渊源及演进过程

如今，90后逐渐成为新父母的主力军，并不断更新育儿观念，他们提倡儿童保育的质量和科学性，这将对母婴产品产生更高的需求。智能化、精细化、应用场景多样化、个性化将成为未来母婴市场发展的新趋势。母婴产品的消费需求再次升级，刺激了更多的商业机会，如图6-33所示。

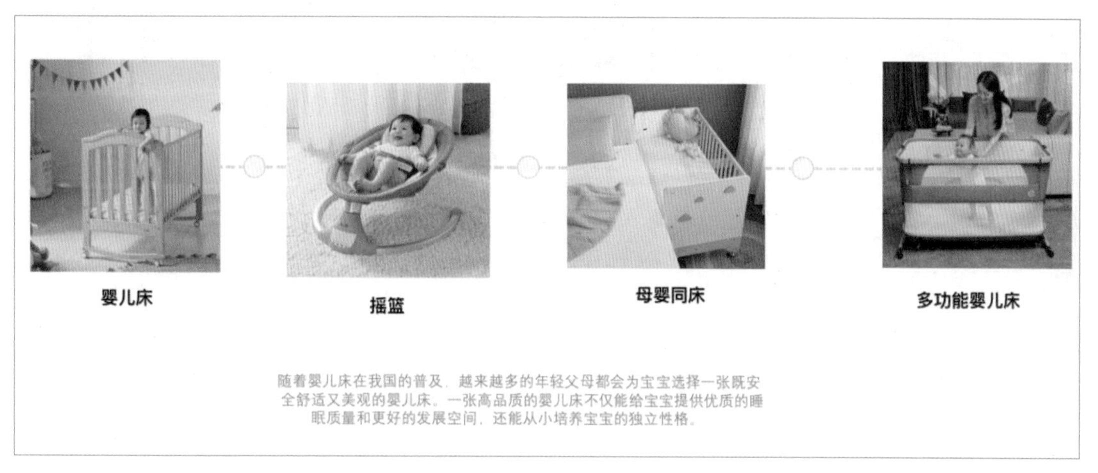

图6-33　同类设计产品国内研究的综述

根据《2020年度中国互联网母婴市场研究报告》显示，2020年中国母婴市场规模已达到4万亿元。随着母婴产业市场的不断扩大，竞争日渐激烈。面对新的机遇与挑战，智能化升级之路已迫在眉睫。

6.3.3　母婴智能睡眠床的创意产品

1. Hourglass母婴智能睡眠产品尺寸

目前我国3岁以下儿童的婴儿床采用的是1999年推出的《QB2453.1-1999》行业标准。由于国内缺少婴儿睡眠产品的安全标准，故在此选择我国高等院校医学权威教材《儿科学》和《人机工程图解——设计中的人体》中的数据作为参考。

对于母婴产品设计，首要考虑的是婴幼儿各年龄段的身体尺寸、安全标准，以及人机工程学的限制。如表6-8为婴幼儿各年龄段的身体尺寸，图6-34为婴儿的身体尺寸和平均体重。

表6-8　婴幼儿各年龄段的身体尺寸(男)

年龄组	体重/kg	身高/cm	坐高/cm	头围/cm	胸围/cm
1个月	5.15 ± 0.73	56.6 ± 2.5	37.7 ± 1.9	38.0 ± 1.4	37.4 ± 2.0
3个月	7.08 ± 0.82	63.0 ± 2.3	41.5 ± 1.9	41.1 ± 1.4	41.3 ± 2.1
6个月	8.57 ± 1.01	69.2 ± 2.5	44.6 ± 1.9	44.2 ± 1.3	43.7 ± 2.1
12个月	10.11 ± 1.15	77.5 ± 2.8	48.4 ± 2.1	46.4 ± 1.3	46.2 ± 2.0
18个月	11.21 ± 1.25	82.8 ± 3.2	51.0 ± 2.2	47.5 ± 1.2	47.8 ± 2.0
2.0岁	12.65 ± 1.43	89.5 ± 3.8	54.1 ± 2.3	48.4 ± 1.3	49.2 ± 2.2
3.0岁	14.65 ± 1.65	97.2 ± 3.9	57.0 ± 2.3	49.3 ± 1.3	50.9 ± 2.2

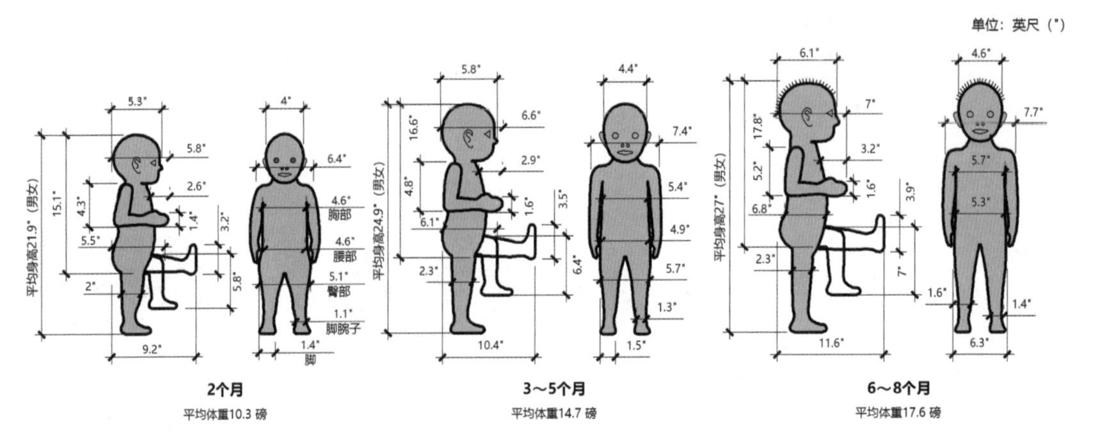

图6-34 婴儿的身体尺寸和平均体重

婴儿作为哄睡器的直接使用者，在0～6个月时通过平躺实现其助眠功能，需要结合婴儿的身体尺寸对哄睡器部分进行合理设计。

从表6-8中可见，6个月的男婴平均身高为69.2cm，哄睡器长度为85cm较合适。6个月的男婴平均胸围为43.7cm，从动态舒适度来考虑，哄睡器宽度为55cm较合适。

通过市场调研显示，目前现有的婴儿床尺寸主要有105cm × 60cm、110cm × 65cm、120cm × 65cm、140cm × 70cm等。其中，120 × 65cm是家长选择较多的尺寸。

因此，将模块化伴随成长床的婴儿床模式长度设为120cm是较理想的选择。由于床的长度可延伸改变，在不同模式下宽度的适配显得格外重要，也是决定智能哄睡器使用区域的因素之一，因此，婴儿床宽度不能仅参照65cm这一常规尺寸来制作。已确定智能哄睡器的宽度为55cm，将婴儿床的内部宽度设为70cm是较理想的选择，如图6-35所示。

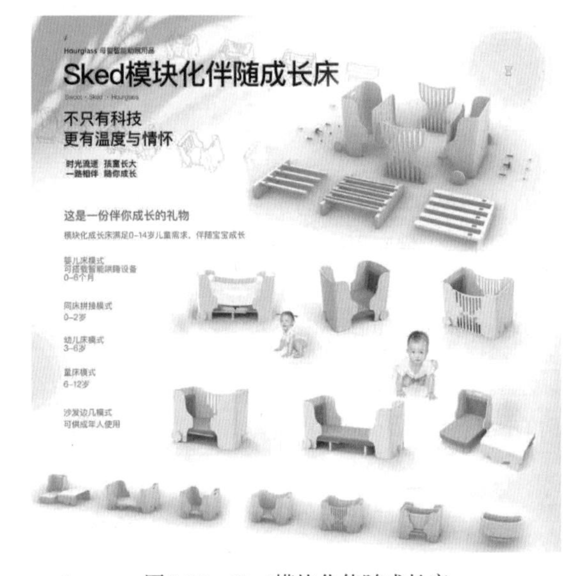

图6-35 Sked模块化伴随成长床

2. Hourglass母婴智能睡眠产品色彩选择

为了确保儿童能够更好地入睡，产品设计中的用色不要太鲜艳。虽然多数儿童喜欢鲜艳的用色，但是过于强烈的颜色会引起孩子视觉注意，产生兴奋的情绪，从而影响入睡。相反，如果色彩过于暗淡，也无法为孩子提供舒适感和安全感。因此，在考虑儿童房的整体色彩搭配时，选择柔和的暖白色作为主要色彩，并且在不同层次上进行设计，包括床体、外层织物、床垫和睡袋等。这样的设计可以营造出一个温馨舒适的睡眠环境，有助于促进新生儿入睡。

通过这样的设计，不仅可以满足儿童的审美需求，还可以为他们提供更好的睡眠质量。此外，对于婴儿而言，睡眠的质量对其神经发育和安全感的建立具有至关重要的作用。因此，本产品设计的色彩方案不仅是为了追求美感，更重要的是为了满足儿童的睡眠需求，提高其睡眠质量。

3. Hourglass母婴智能睡眠产品材质选择

该床垫和哄睡器的设计采用了抗菌、透气、防水亲肤、易清洗的材料，以保护婴儿的身体健康。床架采用木质结构，表面采用哑光抗菌无甲醛清漆，以提高产品的结实性、耐用性和安全性。哄睡器内部采用稳固承重的折叠支架，外部柔软、安全，这样内外结合的框架可更好地保护婴儿。床沿采用柔软的设计，以杜绝磕碰伤害。同时，产品外层织物半纱半布，便于观察和通风，遮光又透气。布套形式的设计易于清洗和消毒，以减少细菌滋生。床头护板采用抗菌、耐脏、柔软的材料设计，以保护婴儿免受头部碰撞伤害。此外，采用全棉材料作为婴儿襁褓(襁褓指包裹婴儿用的被子和带子)的制作材料，能够帮助婴儿安全地入睡并减少惊醒和哭闹的频率。通过产品材料的选择和区分，提高了产品的安全性和婴儿的睡眠质量。

4. Hourglass母婴智能睡眠产品外观结构

本套产品整体外观方中带圆，在使用面积上不会占用太多空间，但同时利用圆角和弧形给予了儿童使用时的安全感，其外观结构考虑到两侧挡板的形态，设计时光沙漏的形状展现了此产品的视觉语义，此设计不单单是为了造型美观，更有利于在儿童不同阶段过渡使用，保护儿童睡眠安全。两侧床板内嵌插销磁片，外部更有卡扣锁定，连接挡板时可更好地保护儿童，避免跌落风险。

床架整体为抽拉三折设计，这一特殊的床架设计可以使长度自由变换，满足儿童成长中每一个阶段的使用要求。以床架为基础，连接两侧床板，床头护板通过槽型滑轨和床架下方的卡槽将床板、床架、床头护板三者连接在一起，满足承重需求，组装便捷、方便收纳，如图6-36所示。通过此造型及结构设计，可满足0～12岁儿童的睡眠应用需求，拥有婴儿床模式、同床拼接模式、幼儿床模式、童床模式、沙发边儿模式共五种应用模式。在儿童长大之后，该床也可拼装成沙发边儿模式放在家中使用，成为陪伴儿童成长的一份最佳见证。

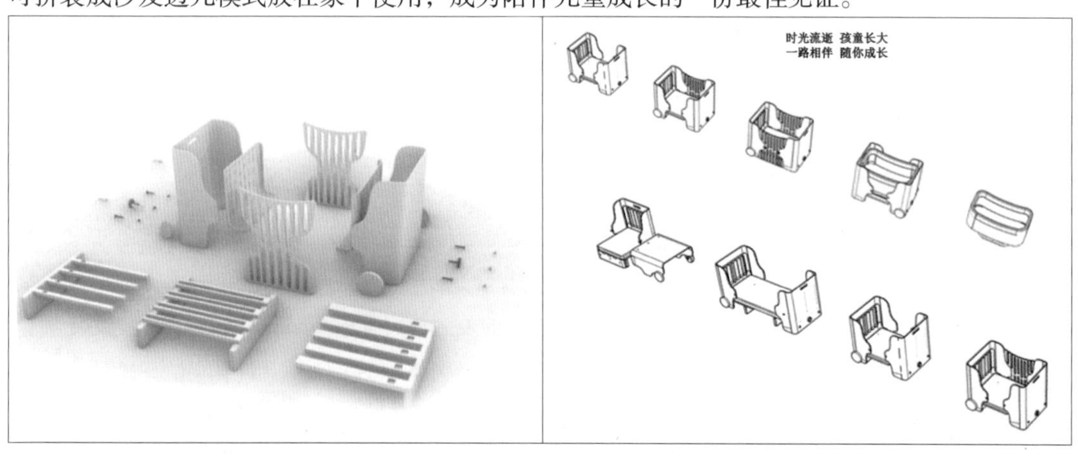

图6-36 Hourglass母婴智能睡眠产品外观结构

5. Hourglass母婴智能睡眠产品交互功能设计

Swoot婴儿智能睡眠器开关操作简单便捷，内部机械电机平顺运行，多重哄睡的模式、有韵律的摇摆，使婴儿如同在母亲怀中。开机后与应用软件蓝牙连接，使用便捷。设置连接后，设备自动记忆连接，不用重复操作。产品设计了多个麦克风，通过音频收集精确检测声音。通过婴儿呼吸进行算法反馈，婴儿的贴身AI管家算法可以区分婴儿的呼吸、哭声和房间的噪声，自动响应婴儿的需求，即使父母已经入睡，也可以设置哄睡安抚模式。可远程操控，制订睡眠方案，建立就寝时间的计时器，引导婴儿入睡，养成良好的睡眠习惯，智能监测婴儿的睡眠情况，随时记录生成婴儿的睡眠日志，如图6-37和图6-38所示。

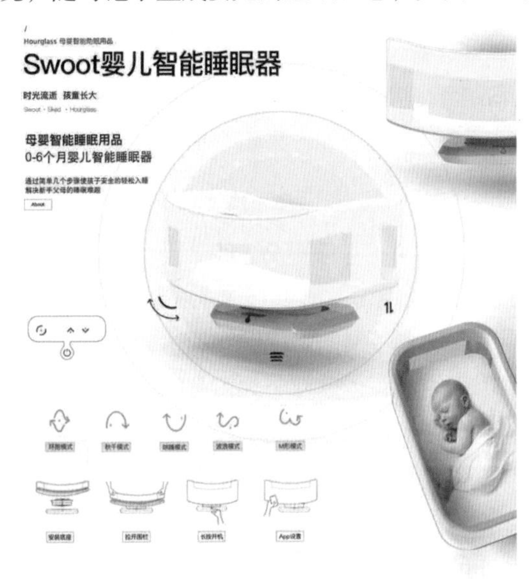

图6-37 Swoot婴儿智能睡眠器

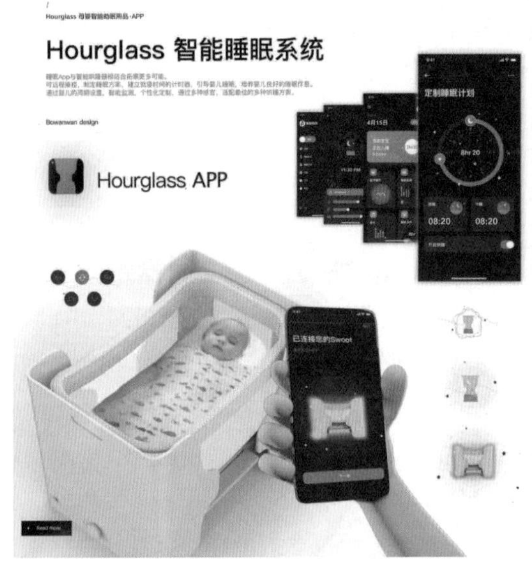

图6-38 Hourglass 母婴智能睡眠系统

将Swoot婴儿智能睡眠器放置于婴儿床上，调整好Sked模块化床适合空间的大小，打开应用Hourglass App，即可开启婴儿的安心睡眠。Hourglass母婴智能睡眠系统将通过Swoot婴儿智能睡眠器、Sked模块化伴随成长床、Hourglass App三者相结合，智能交互与实际功能相匹配，从技术层、设计层、应用层满足母婴双方体验流程，既保留了母亲与婴儿同室交流感情、方便哺乳等益处，满足新生儿的生长需要，也能让母亲更加安心舒适地入睡，提高母亲的睡眠质量。

6.3.4 母婴智能睡眠床总评

近年来，我国的生育政策发生了重大变化，实施鼓励生育政策，育儿负担也随之加重。妊娠、分娩是一个自然的生理过程，但分娩后容易引起母亲严重的心理变化和睡眠功能紊乱。婴儿的哭闹和喂养可能会导致母亲精神疲劳，影响休息及睡眠。如果母婴睡眠节律不一致，频繁喂食会降低母亲的睡眠质量，影响母亲身体恢复，甚至引发心理问题。母婴同室模式对母婴双方好处良多，确保了婴儿的需要，但造成母亲睡眠质量下降的这一问题还待解决。Hourglass母婴智能睡眠系统在解决母婴睡眠冲突的过程中，以遵循母婴同室睡眠为前提，应用智能交互设计手段，从技术层、设计层、应用层等方面满足母婴双方的睡眠身心需求。本产品设计是以“智能辅助睡眠”和“同室睡眠”作为实施形式的一套婴儿智能交互睡眠工具系统，在尽可能减轻母亲育儿负担的基础上，借助此设计向社会提倡有温度、有智慧、有科技的育儿理念。

6.4 交互产品——机场智能行李车设计

6.4.1 机场智能行李车案例概要

随着人工智能的高速发展，人们开始思考人工智能会为交互产品用户体验带来怎样的变化，以及未来智能交互技术在产品用户体验中运用的发展趋势。在分析和设计过程中，发现接机行李推车缺乏一些智能交互，缺少一部分人性化的设计，用户体验一般。因此，对接机行李车这一产品进行市场分析、设计创新的再研究。

此案例是天津美术学院产品设计专业毕业生赵扬的作品，以机场为大背景设计了关于用户体验与智能交互的智能接机行李车。这次设计目的是为了使接机能有更好的用户体验，并且目前市面上尚未有成熟的智能交互行李车出现，未来的市场具有相当大的开发潜力。

设计程序如下。

(1) 调查阶段：以用户体验与智能交互的大方向为切入点，首先确定以机场环境为背景的用户的情感需求、心理状态等的调研方向；然后开始大量的文献调查、实地问卷调查、观察调研机场的接机会合点、接机人与旅客的行为分析等；最后找到机场旅客与接机人中间出现的相关痛点。

(2) 分析及整合阶段：在先行研究的基础上，针对旅客与接机人进行用户旅程图、行为点等设计。机场属于公共空间，接机行李车属于公共服务设施，与用户有着密切接触，此阶段确立了研究对象为机场行李车，同时结合了用户体验和智能交互的交叉学科内容。

(3) 开发阶段：通过设计师团队的头脑风暴，得到产品设计开发方向及设计概念，进行设计开发。在这个阶段，找到一些生产厂商进行实用性及可生产性的分析，通过生产厂商的反馈意见，设计师团队导出接机行李车产品的CMF设计策略，制作草图、模型、效果图和样品。

(4) 评价阶段：对使用者及购买者群体进行评价和观察，尤其对实际的购买者进行采访评价。通过对相关文献的研究与智能交互在产品设计中的应用案例，分析智能交互技术是如何提升人们的用户体验的。调研目前市场上的行李推车与带有智能交互的公共产品对用户体验的影响，进行对比，最终归纳总结。

6.4.2 机场行李车产业的现况

1. 机场行李车的痛点

随着时代的发展，目前机场都配有机场行李手推车，机场行李手推车多数使用金属架构的机械式推车，在功能上缺乏智能交互的细节设计，如图6-39所示。造型上略显笨重，包括在CMF设计策略上都以灰调为主，材质区分不明显，与机场

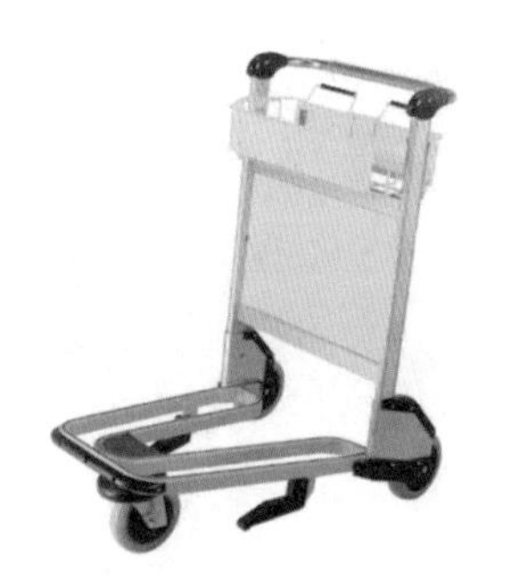
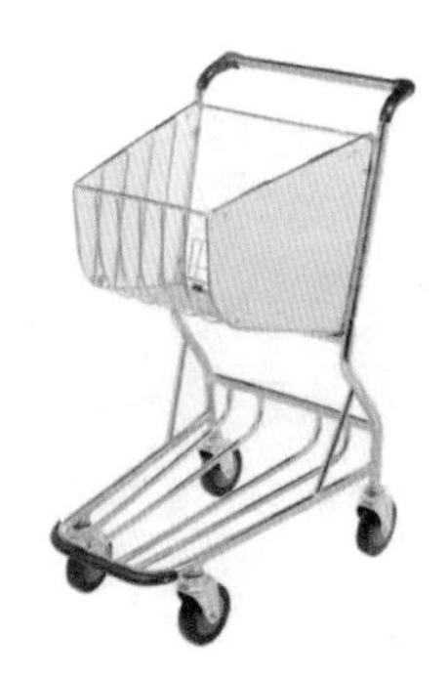

图6-39 市面上的机场行李推车

比较智能的大环境的匹配程度也更弱一些。

2. 考察智能交互

智能交互的定义在《人工智能及其应用》一书中有所记载，人工智能被定义为一种可以进行计算机模型检验的智力行为的技术，现如今的人工智能其实是一种能够感知环境并最大限度地实现任务目标的设备。从这个定义可以看出，人工智能的核心仍然是完成用户的工作。人工智能对交互产生的影响力是很大的，人机交互从片面的从属关系转变为相互培养的关系。由传统的输入到反馈的延续、渐进的循环切换到由推荐到选择的循环。在某些领域，人机交互设备未来将会以机器人为中心，取代部分人类工作。

3. 智能交互在机场行李车上的用户体验应用研究

通过调研市面上的智能产品，都在一定程度上为用户提供了便利性，并且很多人性化的交互细节让用户体验有所提升。但目前市面上尚未有成熟的智能交互行李车出现，具有相当大的开发潜力。因此，为了使接机能有更好的用户体验，进行了以下研究：以用户体验与智能交互的大方向为切入点，确定了以机场环境为背景的用户的情感需求、心理状态等的调研方向，实地调研了机场的接机会合点、接机人与旅客的行为分析，如图6-40所示。

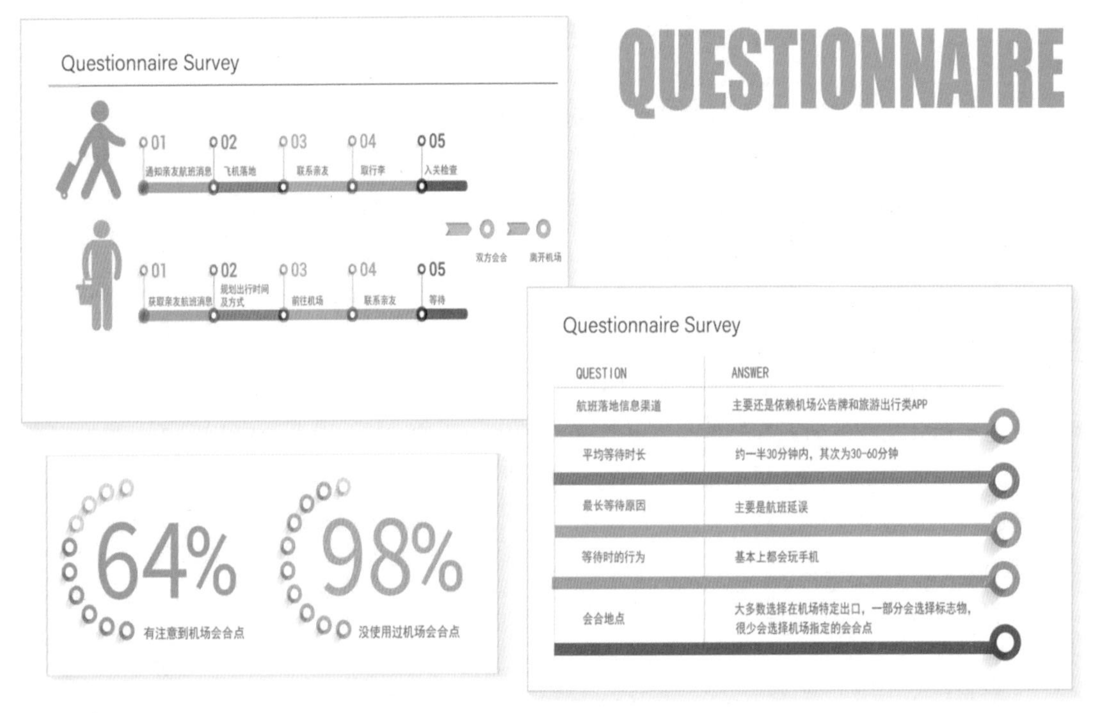

图6-40　机场旅客行为分析与调查问卷

在调研时收集了50份调查问卷，根据数据统计显示，64%的旅客注意到机场会合点，但有98%的旅客没使用过机场会合点。大部分的旅客更偏向于选用标志物作为会合地点。有时在机场，旅客精疲力竭的情况下，会无法精确找到约定地点、无法确认接机人是否到达等。

6.4.3　智能交互行李车的创意设计

1. 设计概念与战略

着手于设计之前，运用服务设计中一系列以调研为基础的设计方法来寻求设计的突破。机场属于公共空间，接机行李车属于公共服务设施，与用户有着密切接触，每个环节都需要细致地进行用户需求及行为分析，如图6-41所示。

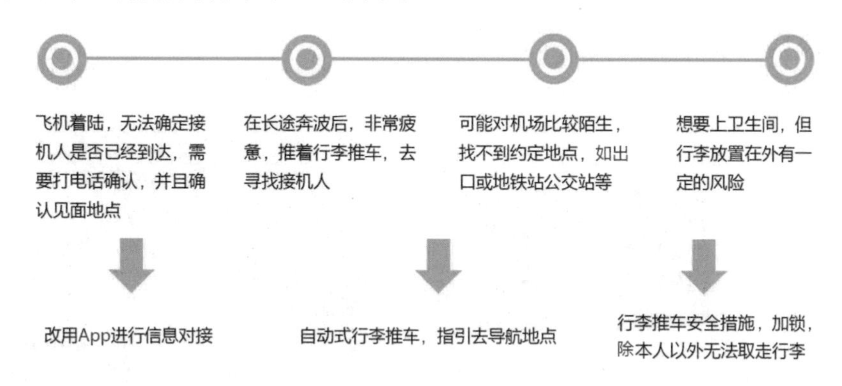

图6-41　旅客行为痛点与匹配功能

在技术方面运用了UWB(无载波通信)技术，以及与UWB原理相类似的卫星定位技术。UWB是依靠不断地发射脉冲，再来回进行距离的检测，从而使定位更加精确，如图6-42所示。UWB定位的精准度达到了厘米级。

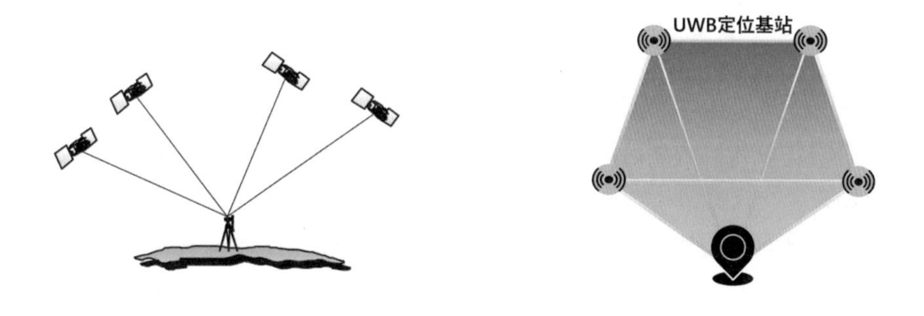

图6-42　UWB与卫星导航的对比

2. 智能交互行李的创意设计

通过关联产品的使用功能、触感、材质的分析，得到产品的CMF设计战略，主要使用场景是在机场这个大环境下，设计要与环境产生互动，行李车要给人稳重的安全感。

1) 颜色

从用户的视觉体验来说，设计的产品在色彩上要符合产品的效果，并且要与使用的环境相适应，才能更好地得到旅客的喜爱。机场的面积偏大，通体是以白色为主，因此，行李车的车身主体为白色，在灯条处以亮橙色点缀，让经历了一场行程奔波后比较疲惫的旅客看到具有活力的颜色，更易拥有好心情。传送带轮胎处采用黑灰色，更加沉稳，作为行李车配色也更能给人安全感。

2) 材质

行李车主体由ABS(丙烯腈-丁二烯-苯乙烯)塑料材料制作，使用整块ABS塑料，通过机雕完成产品造型，之后进行打磨、喷漆。ABS塑料兼有三种组元的共同性能，A(丙烯腈)使其耐化学腐蚀、耐热，并有一定的表面硬度，B(丁二烯)使其具有高弹性和韧性，S(苯乙烯)使其具有热塑性塑料的加工成型特性并改善电性能。因此，ABS塑料是一种原料易得、综合性能良好、价格便宜、用途广泛的“坚韧、质硬、刚性”材料，在机械、电气、汽车制造工业及化工领域获得了广泛的应用，如表6-9所示。

表6-9　产品材料

ABS塑料	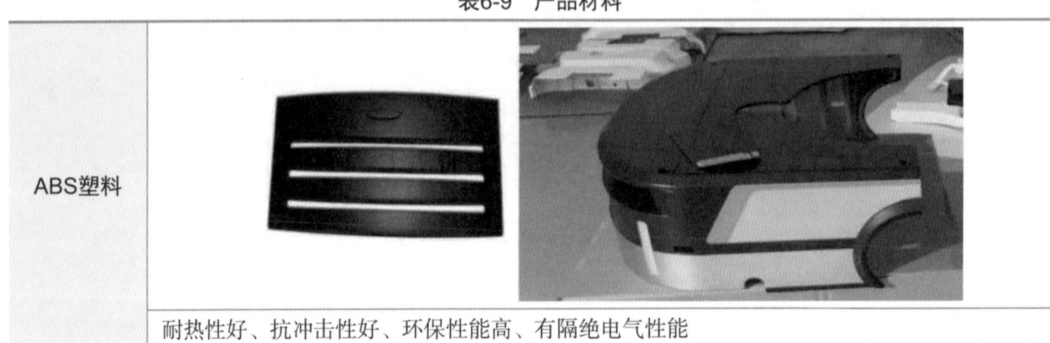
	耐热性好、抗冲击性好、环保性能高、有隔绝电气性能

3) 表面处理

最终通过3D打印、后期打磨、喷漆、利用水贴纸模拟丝印等方法制作了一个等比缩小样品来查看产品的外观结构。

3. 设计方案

1) 构想草图

使用以上的CMF设计战略做出许多设计草图，如图6-43所示。这是一款为机场的旅客与接机人设计的机场智能交互接机行李车，行李车是全自动的。旅客使用时在App上输入自己的个人信息与目的地，会自动与接机人进行信息匹配，并以3D空间建模的形式导入全自动行李车上，可进行分层导航。

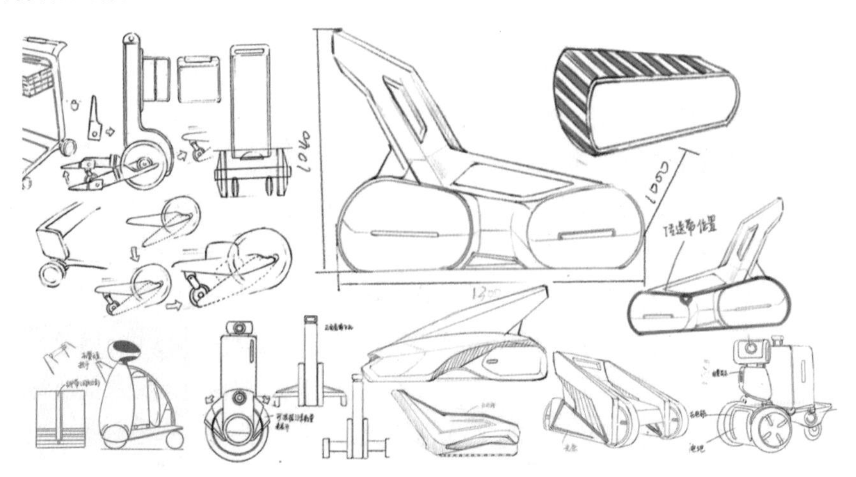

图6-43　草图形态推演与细节设计

草图中最终选定采用传送带模式是因为机场属于空间区域大但是人流密集、障碍物多的环境，传送带的稳定性更强，比较适用于这一大环境，并且承重能力更强。除此以外，还可以进行宠物模式选择，让机场智能交互接机行李车中的虚拟小宠物带领“主人”前往目的地(图6-44)，为旅途增添乐趣，给旅客更好的体验，使用完毕后，行李手推车会自动回到放置点自动充电。

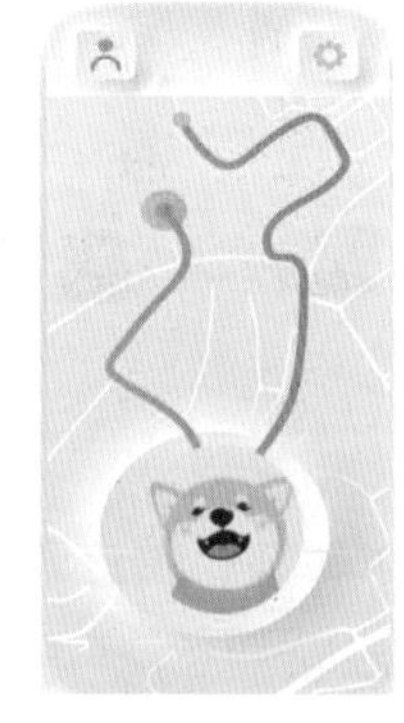
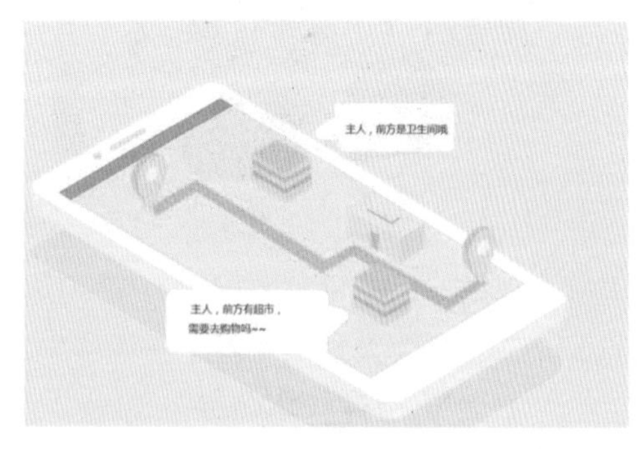

图6-44　可在App上进行Pet Choose选择

精确的UWB室内定位，可在其自行上下楼与引导路程时识别到障碍物，如静态障碍物、密集人流等。这种情况下App会形成避让障碍物的最优路线进行引导，在全自动式自助推车模式下，与App对接信息后，会自动带旅客前往目的地，屏幕处的功能依次是路线规划、车速与进程、行李的上锁状态，如图6-45所示。

图6-45　推车屏幕显示

2) 建模及效果图

通过分析人机工程学与市面上行李推车的数据调研，进行建模和绘制效果图，如图6-46和图6-47所示。

图6-46　产品渲染图与细节展示

图6-47　产品使用场景与三视图

3) 制作模型

通过前期的草图绘制及功能材料工艺的确定，进行拆件3D打印。准备了砂纸、补土、色漆、亮面漆、消光漆等，对打印模型进行打磨、喷补土、喷色漆、喷亮面漆与消光漆，最终组装成型，如图6-48所示。

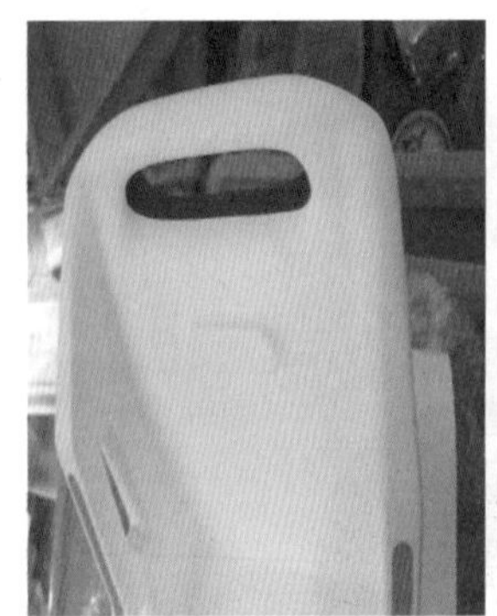

图6-48　打磨3D打印模型并喷漆

组装好基础模型后，开始制作水贴纸，并将其贴在3D模型上，如图6-49至图6-52所示。

图6-49　制作水贴纸

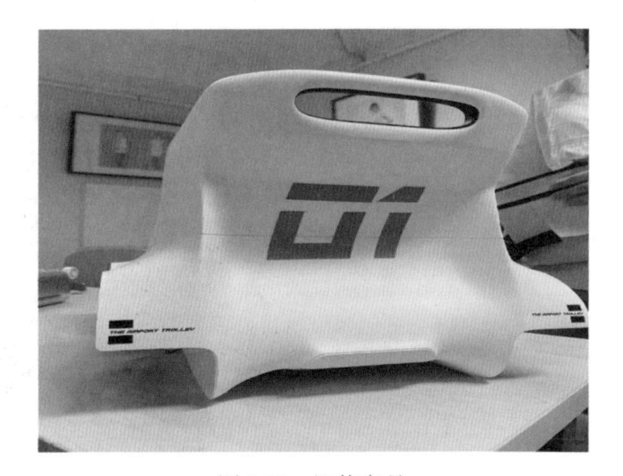

图6-50　组装产品

图6-51　水贴纸完成效果

图6-52　最终的实物图展示

6.4.4 智能交互行李车总评

智能技术的应用范围越来越广泛，尤其是在产品设计中的应用越来越普遍。随着社会的发展和人们物质需求的基本满足，对情感化、个性化需求日益增加，因此，智能交互技术对用户体验的影响成为一个重要的方向。

本设计以机场为背景，致力于设计一款智能接机行李车，旨在提升用户体验。目前市场上缺乏成熟的智能交互行李车，因此该设计具有相当大的开发潜力。采用文献调查和采访调查相结合的方法，确定设计战略，通过构思草图、建模、制作效果图等工作进行设计，最终制作出手板效果。该设计的目的是通过智能技术的应用，提升用户体验，并为智能交互行李车的开发提供参考。

6.5 电子产品——半掌式鼠标设计

6.5.1 半掌式鼠标案例概要

此案例是天津美术学院产品设计专业毕业生郑沐洲的作品。新型半掌式鼠标是依据人机工程学对鼠标进行重新解构后创造的一种新概念，根据长期使用鼠标会引起手背弓起这一现象，发展的更灵活、更让手部接近自然状态的设计路线。稳托可调版是新型半掌鼠标的其中一个设计版本。

6.5.2 鼠标产业的现况

目前市场上的鼠标大致可分为几种类型：凸起型、扁平型、竖直型、奇特型，如图6-53所示。其中市面上较多的是凸起型和扁平型，竖直型是后出的一种人机操作模式，而其他各类微型鼠标、轨迹球型等这些与一般人机操作模式不同的鼠标都归为奇特型。

凸起型鼠标是发展时间最长、同质化最严重的类型之一。它主要追求人机的优异性，从最初的方盒子形象演变至今，稳定在前低后高的半圆造型上。设计改动通常只在贴合手部的标准和整体外观风格上进行。凸起型鼠标在市场上历经考验，给消费者的印象最深刻，成为消费者对鼠标的固有认知和同类对比的标准。它和扁平型鼠标是传统鼠标人机操作模式的代表类型，任何不同于传统操作模式的创新型鼠标都可能引起认知失调效应。

扁平型鼠标比凸起型晚出现，体积小巧、轻便、简洁、时尚如苹果和小米的鼠标。因此，扁平型鼠标的设计同质化现象要比凸起型低很多。

竖直型鼠标是一种宣称能够改善人机操作模式、提高舒适性的鼠标类型。虽然在当时被认为是突破设计同质化的优秀例子，但由于与传统操作模式稍有不同，部分消费者反映难以使用。因此，尽管竖直型鼠标在市场上存在了一段时间，但并未占据主导地位。随着时间的推移，传统的鼠标人机操作模式仍然是主流。

奇特型鼠标包括多种类型，大多数是针对传统鼠标的缺陷而开发的，如微型鼠标、便携鼠标和轨迹球鼠标等。人机工程是主要考虑因素，外观多样化，同质化现象最低。但是，由于其操作模式与传统模式不同，一些消费者可能不适应，新颖、轻便成为奇特型鼠标的最大优势。

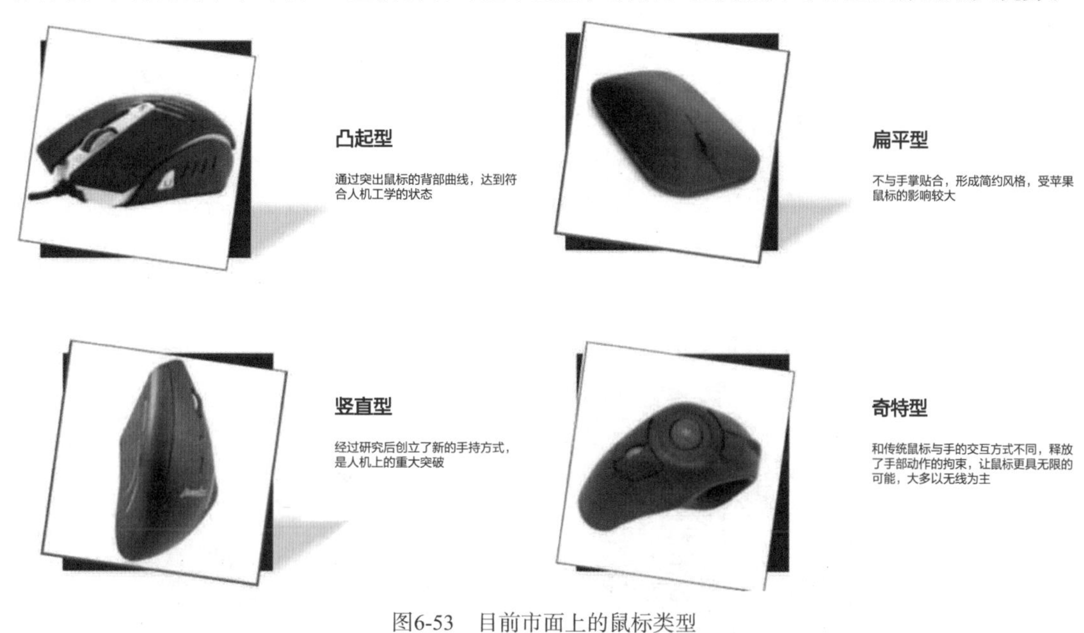

图6-53　目前市面上的鼠标类型

6.5.3　半掌式鼠标的创意设计

凸起型鼠标经过不断改进，功能得以提高，但仍有许多因其缺陷而研发的创新型鼠标陆续出现，这说明目前来说凸起型鼠标并不是最优异的人机操作类型，在人机操作模式上是有改进空间的。最开始设计者因为使用鼠标时手腕会疼痛，且注意到两手平放时，双手放松状态的姿势稍有不同(因为长期使用鼠标导致)，更重要的是设计者使用的是目前市场上十分符合人机工程学的鼠标，同时也是在设计同质化环境中精益求精的产品，这才不得不思考凸起型鼠标并不是最优异的人机操作类型这一问题，于是针对这一问题展开对鼠标的研究。

在设计的初级阶段，查阅有关“鼠标手”问题的资料，并了解鼠标在设计发展中解决这一问题的方式：其中有通过模块间距的调整，通过改变手持的姿势、改变操作光标的移动模式等来解决。在经过多次以第一人称视角的使用体验，并通过视频回放寻找使用痛点。之后购买其中具有代表性的产品，通过主流游戏和建模软件这两种高强度使用鼠标的活动进行试用，同时录制手部操作过程的视频。最后和使用不同类型鼠标的人进行交流，经过对这些鼠标的研究后，总结出鼠标使用时的一些关键点。

(1) 即便是凸起型鼠标，在使用时手掌不一定会贴合在鼠标上，因为在操控鼠标前后移动时，手窝部分需要空出一些空间，更方便操控鼠标的移动。这个关键点是在使用时最不容易注意到的，人们会惯性地认为在使用鼠标时手掌就是贴合在鼠标尾背上的，如图6-54所示。

图6-54　凸起型鼠标手持图

(2) 在使用鼠标时，主要是靠手腕的转动来控制左右，靠手指的屈伸和手肘带动小臂移动来控制前后。

(3) 拇指、无名指和少部分手掌接触点是操控鼠标时主要的握点，无论是鼠标的移动、抬起都有固定的几个握点在互相作用着。不同人使用鼠标的方式会导致作用点稍有不同。

(4) 手指在对按键进行作用时，竖直传达到桌面等硬性物体的力能最小限度影响鼠标的稳定性，是最优选的力的传达。这也是在传统鼠标人机操作中左右键变动的最小原因之一，其他竖直型和奇特型鼠标因为力没有直接传达到硬性物体上而导致按动左右键时影响了鼠标的稳定性。

根据以上关键点的分析，对鼠标设计方案的定位有以下几点：①以一般鼠标人机操作为基础，可以增加鼠标的适用性；②在此基础上对缺陷进行改进；③在手型大小上，增加鼠标的通用性(此设计方案不考虑左右手的通用性，适用手为右手)；④此方案中的人机操作模式应达到或接近达到手部最放松状态，如图6-55所示。

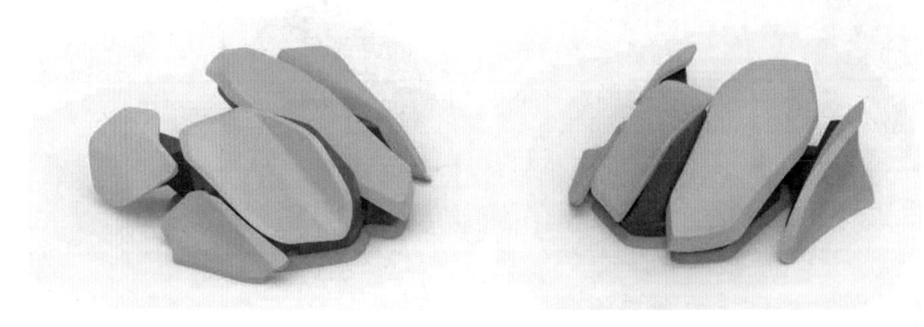

图6-55 半掌式鼠标——稳托可调版最终形态

图6-56为半掌式鼠标的各部分名称及尺寸图。半掌式鼠标的尺寸可调范围为：84~91mm × 95~113mm × 35mm。

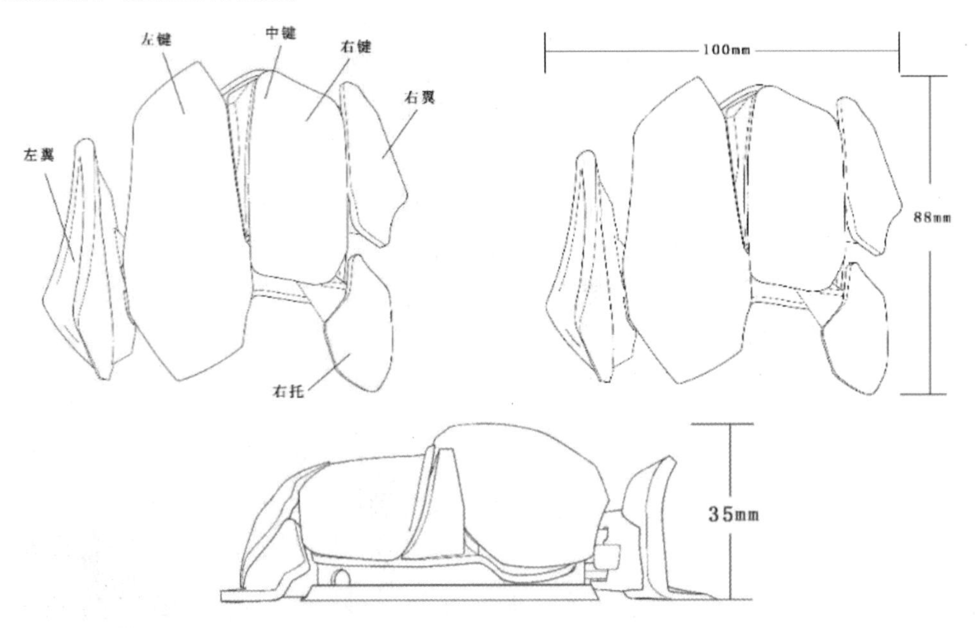

图6-56 部位名称和尺寸

通过不同的色彩搭配，可对半掌式鼠标进行个性化的色彩搭配。通过部件的更换，呈现更多的个性化视觉效果，如图6-57和图6-58所示。

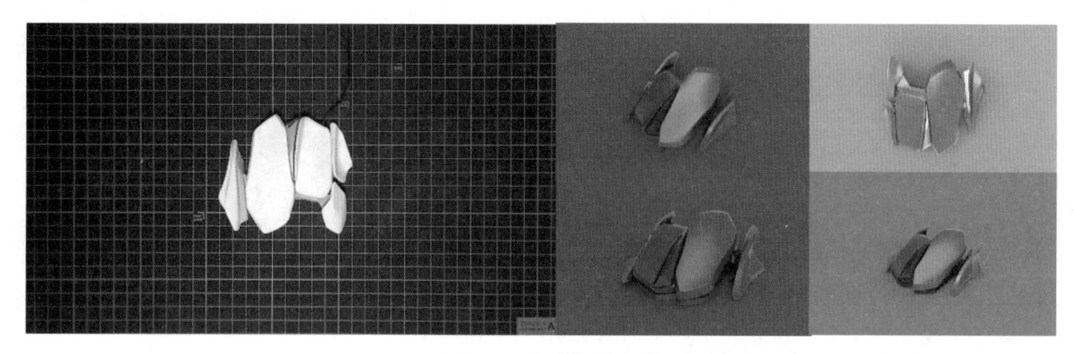

图6-57　个性化配色方案

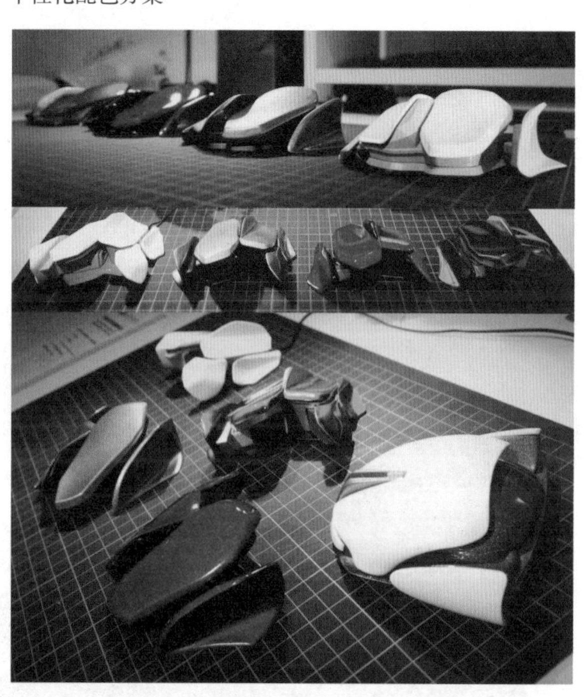

图6-58　半掌式鼠标3D打印的实物图

6.5.4　半掌式鼠标总评

半掌式鼠标——稳托可调版与凸起型鼠标的对比优势：在持握上，半掌式鼠标让手部贴合平放时呈现自然、轻松的状态。半掌式鼠标的设计考虑到手部解剖学的特点，使手指可以自由活动而不需要过度地转动手腕和肘部，降低了手臂的运动弧度，如图6-59所示。相比传统的全掌式鼠标，半掌式鼠标的设计更符合人体的自然姿势，使用户可以更加舒适地长时间使用鼠标。

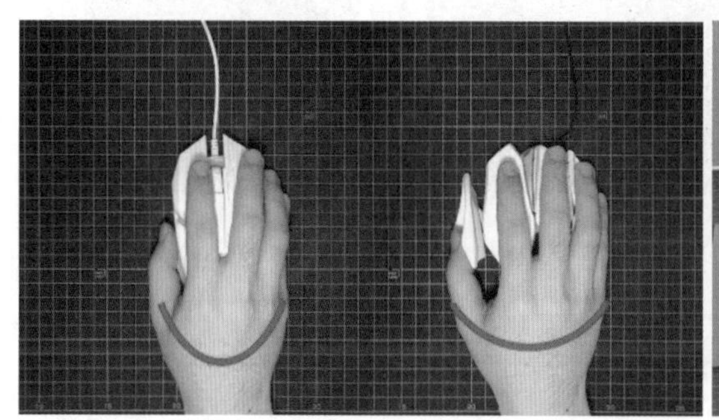

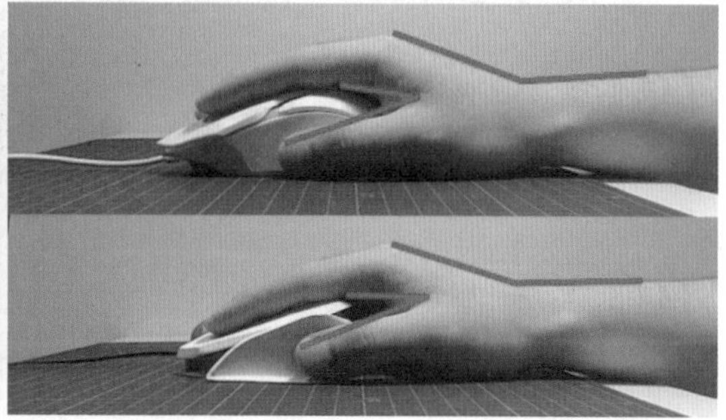

图6-59　手臂的运动弧度

同时，半掌式鼠标的持握更符合人体的生理结构，能够让手掌贴合鼠标表面，减少手掌不必要的移动，从而减轻手腕和手臂的负担，避免长时间使用鼠标引发的手部疲劳和疼痛，如图6-60所示。由此，半掌式鼠标的人体工程学设计不仅能够提高用户的工作效率和舒适度，同时也能够减少职业性手部疾病的发生。

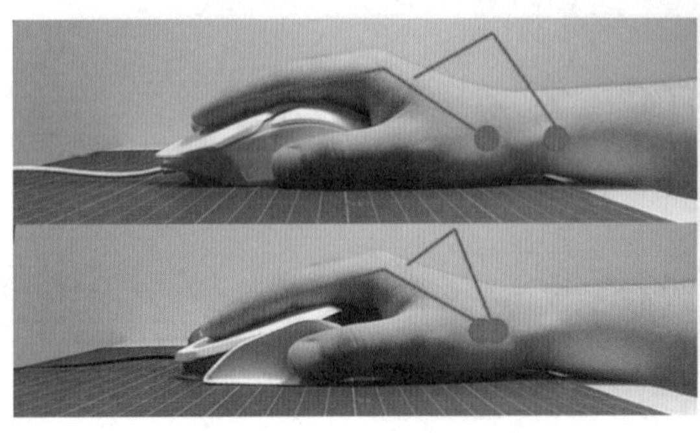
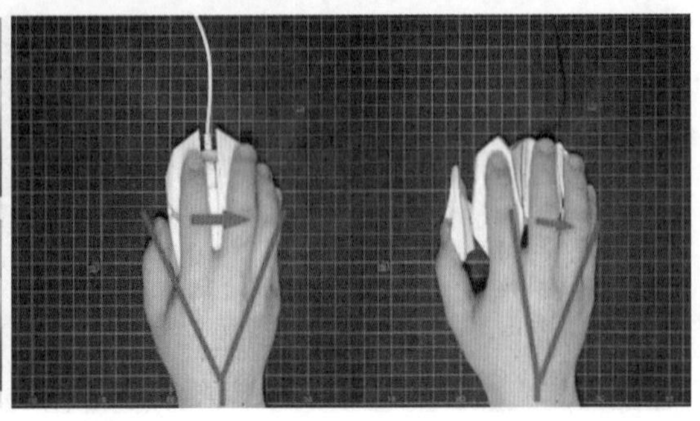

图6-60　鼠标持握手型对比

在使用移动上，半掌式鼠标通过手指的灵活性，降低了手腕和手肘关节的移动量，达到更加长久的不易劳累的使用时间。半掌式鼠标是一种相对于传统鼠标的创新产品，它采用了人体工程学设计理念，将手掌和手指的自然弯曲形态与鼠标的使用需求结合起来，以更加舒适自然的方式完成鼠标的操作。相比传统鼠标需要移动整个手臂或手腕完成鼠标操作，半掌式鼠标通过手指和手掌的协作，将鼠标的操作限制在小范围内，大大减少了手腕和手肘关节的移动量，避免了长时间使用带来的手部疲劳和不适感，如图6-61所示。此外，半掌式鼠标具有更高的精度和灵敏度，可满足用户对鼠标操作的精准性需求。

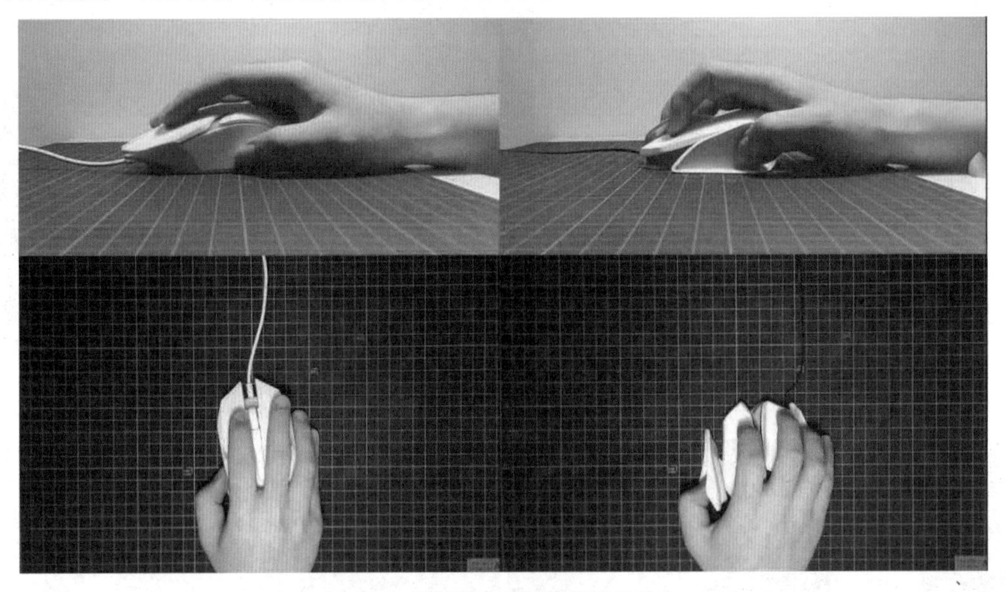

图6-61　鼠标移动手部关节活动对比

在产品设计中，突破设计同质化，对产品进行创新，是一个设计师应承担的责任。不受产品市场大流的影响，探索产品的本质，本着最有利于大众的心态去研究，找寻产品发展中的不同道路，为产品的设计发展增加更多的可能性。

在产品设计领域，设计师有着创新和突破同质化的重要责任。不应受产品市场主流影响，而应探索产品本质，以有利于大众的心态进行研究。在寻找产品发展的不同路线时，需要考虑为产品的设计发展增加更多可能性的方式，包括在创意灵感、设计过程、制造和营销方面的创新，以满足消费者的需求和潜在市场的需求。因此，在设计过程中，设计师需要注重细节和研究，以确保产品创新和成功发展。